乡村振兴·农民培训精品教材

农业自然灾害与农村疾病防治手册

侯杰 陈秀华 邱洪英◎主编

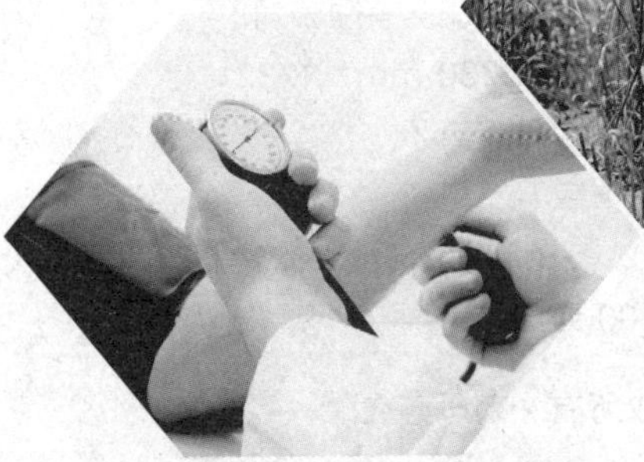

中国农业科学技术出版社

图书在版编目（CIP）数据

农业自然灾害与农村疾病防治手册 / 侯杰，陈秀华，邱洪英主编 .—北京：中国农业科学技术出版社，2020. 8（2021.7 重印）

ISBN 978-7-5116-4905-8

Ⅰ. ①农… Ⅱ. ①侯…②陈…③邱… Ⅲ. ①农业-自然灾害-风险管理-手册②疾病-防治-手册 Ⅳ. ①S42-62②R4-62

中国版本图书馆 CIP 数据核字（2020）第 141664 号

责任编辑 崔改泵 张诗瑶
责任校对 贾海霞

出 版 者 中国农业科学技术出版社
北京市中关村南大街 12 号 邮编：100081
电　　话 (010)82109194(编辑室) (010)82109702(发行部)
(010)82109709(读者服务部)
传　　真 (010)82109698
网　　址 http://www.castp.cn
经 销 者 各地新华书店
印 刷 者 中煤(北京)印务有限公司
开　　本 880 mm×1 230 mm 1/32
印　　张 5. 125
字　　数 133 千字
版　　次 2020 年 8 月第 1 版 2021 年 7 月第 3 次印刷
定　　价 33. 00 元

《农业自然灾害与农村疾病防治手册》

编　委　会

主　编	侯　杰	陈秀华	邱洪英	
副主编	胡义心	潘英书	吕庆丰	沈学梅
	杨桂梅	张恒儒	张　洋	钟友春
	杜金花	彭家葵	赵　伟	孙盛芝
	康树立	贾英全	王晓丽	冯辉艳
	刘红超	彭玉琴	贾英全	王晓丽
	冯辉艳	刘红超		
编　委	马　静	邓素花	代晓霞	张爱锋
	叶锦玲	刘丽娟	任天燕	李会莲
	王　强	侯晓琳	段肖彩	刘丽娜

前　言

自然灾害是以自然变异为主要原因而给人类的生存和社会发展带来不利后果的祸害。农业自然灾害是指影响农业生产正常进行和对农作物收成起破坏作用的自然灾害。

近年来，农民生活条件有了很大的改善，但也有一些家庭的经济基础还比较薄弱，很难经得起比较大的打击。因此，在重大的疾病方面要及早发现、及早治疗。

本书介绍了农业自然灾害与农村疾病防治方面的知识，内容包括：旱灾的防御与补救措施、风灾的防御与补救措施、雪灾的防御与补救措施、洪涝灾害的防御与补救措施、地震灾害的防御与补救措施、森林自然灾害的防御与补救措施、内科疾病、外科疾病、中毒性疾病、皮肤病等。

目　录

农业自然灾害篇

农村疾病防治篇

农业自然灾害篇

第一章 旱灾的防御与补救措施

第一节 干旱灾害的成因、特点及分布规律

一、干旱、旱情及旱灾的定义

在实际工作中，常有这样的说法：“干旱是世界上普遍发生的一种自然灾害。”“干旱是影响我国农业生产的一种严重的自然灾害。”这些说法是将干旱和干旱灾害混为一谈。事实上，干旱、旱情和干旱灾害是不同的概念，具有不同的内涵。

1. 干旱

干旱是指由水分的收与支或供与需不平衡形成的水分短缺现象。这是一种由气候变化等引起的随机性、临时性水分短缺现象，可能发生在任何区域的任意一段时间，既可能出现在干旱或半干旱区的任何季节，也可能发生在半湿润甚至湿润地区的任何季节。

干旱的主要原因是缺少降水，而降水缺乏的出现时间、分布情况及严重程度又与当时的水储备、水需求和水使用等密切相关。温度和蒸发可能会加重降水缺乏引起的干旱程度和干旱持续时间。按干旱的形式分类，干旱可以分成农业干旱、城市

干旱和生态干旱；按照干旱发生的季节分类，干旱可分成春旱、夏旱、秋旱、冬旱和两季或三季连旱；按干旱的成因分类，干旱可以分成气象干旱、水文干旱、农业干旱和社会经济干旱。

2. 旱情

旱情是干旱的表现形式和发生、发展过程，包括干旱历时、影响范围、发展趋势和受旱程度等。旱情的概念通常是针对农业而言，指作物生育期内，耕作层土壤水分得不到降水、地下水和灌溉水的适量补给，土壤供水不断消耗，农作物从土壤中吸收的水分不能满足正常生长要求，作物体内出现水分胁迫，生长受到抑制的情势。

近年来，随着干旱灾害发生频率的增加，旱情涉及的范围和领域不断扩大，影响程度也在加重，对城市和生态环境的不利影响也日趋严重。旱情的概念也相应地由农村、农业扩展至城市和生态。

在农村，旱情主要表现为农业旱情、牧业旱情和人畜饮水困难。在城市，旱情是指因旱造成城市供水不足，导致城市居民和工商企业用水短缺的情况，可用城市干旱缺水率进行评估。在生态领域，旱情是指因旱造成江河径流量减少、地下水位下降、湖泊淀洼水面缩小或干涸、湿地萎缩、草场退化、植被覆盖率下降等现象。

旱情和干旱是有区别的。干旱的核心内容是水分收支不平衡造成的水分短缺现象，由于社会经济因素的影响，水分短缺不一定直接造成不利影响和损失，而旱情则是侧重考虑水分短缺对经济社会相关领域造成的影响情况，是干旱逐渐发展的结果。如西北等常年干旱的荒漠地区，由于没有人类活动，干旱不会表现出对经济社会的不利影响，也不会发展成旱情。

3. 旱灾

旱灾，即干旱灾害，是指由于降水减少、水利工程供水不足引起的用水短缺，并对生活、生产和生态造成危害的事件。旱灾具有区别于其他灾害的显著特点：其一，由于旱灾具有渐变发展的特点，其影响具有积累效应，其开始时间和结束时间难以准确判定；其二，与洪水、地震及滑坡、泥石流等其他自然灾害不同的是，旱灾一般不会直接造成人员伤亡及建筑设施的毁坏，但间接带给经济社会的影响和损失却十分巨大。

根据受灾对象的不同，可将旱灾划分为农业干旱灾害、城市干旱灾害和生态干旱灾害。

干旱属于自然现象，就其本身而言并不是灾害，而干旱灾害是多种因素共同作用的结果，是干旱和人类活动所形成的叠加效应，是自然环境系统和社会经济系统在特定的时间和空间条件下耦合的特定产物。

二、我国是一个干旱灾害频发的国家

我国位于亚欧大陆的东南部，东部和南部濒临太平洋，西北部深入亚欧大陆腹地。国土面积辽阔，地势西高东低，呈三级阶梯分布，地形十分复杂。由于不同年份的季风、台风的进退时间、强度和影响范围不同，降水在年内和年际间的时空分布差异很大，总体上呈现东南多雨、西北干旱的格局。特殊的自然地理和气候条件决定了我国是一个干旱灾害频发的国家，在全球气候变化的背景下，干旱灾害发生的频次和严重程度呈现增加趋势。

根据我国历史上水旱灾害统计资料，旱灾与洪灾发生频次相当，略多于洪灾。自公元前 206 年至公元 1949 年的 2 155 年中，共发生旱灾 1 056 次，平均每两年就发生一次。历史上重旱和极旱时有发生，往往造成“赤地千里，寸粒不收”甚至“饿殍遍野，骨肉相食”的惨景，成为社会动荡和朝代更替的主要导火索。明崇祯大旱（1637—1643 年），始于陕西北部，于公元1638年向南扩大到安徽、江苏等省，终于湖南，旱灾遍及全国20多个省区，波及全国一半以上人口，最终导致了经济的全面崩溃，引起社会动荡。清光绪华北大旱（1876—1878年），灾区百姓“食草根，食牛皮，食石粉，食泥，食纸，食丝絮，食死人肉，食死人骨，路人相食，家人相食，食人者为人食”，共饿死1 000万人以上。

三、引发我国干旱灾害发生的因素

干旱和旱灾是两个不同的概念，干旱发生了，并不代表旱灾会发生，那么，干旱一旦发生，是什么因素导致旱灾的发生呢？干旱灾害是自然和人类活动共同作用的结果，单纯的自然因素或人为因素都不能直接造成干旱灾害，自然因素只有与人类生产、生活等人为因素相联系时，才有可能造成干旱灾害。在我国，造成干旱灾害的主要自然因素包括降水时空分布不均、水土资源不匹配以及全球范围的气候变化及异常，这些因素使得我国的水资源条件十分脆弱。另外，人为因素包括用水需求大、效率低以及抗旱基础设施不完善，这些因素表明我国的抗旱条件很薄弱。

1. 干旱灾害的自然因素

（1）降水时空分布不均。我国地处亚欧大陆东部、太平洋西侧，正处于海洋和大陆气流场的交互作用带，成为世界上季风气候最为显著的国家之一，年降水量呈现由东南沿海向西北内陆递减的分布特征。大部分地区降水年内分配很不均匀，降水集中程度较高，南方地区55%的降水量出现在5—8月，北方地区70%的降水量出现在6—9月，其中华北、东北、西北内陆河的局部地区可达80%以上。同时，降水量年际变化十分显著，南方地区年际间最大和最小年降水量一般相差2~4倍，北方地区一般相差3~6倍，西北地区可超过10倍。受天然降水时空分布不均影响，加之全球气候变化加剧，常常导致一些地区水多为患，另一些地区却水少为忧，一旦发生干旱，水少地区将更加脆弱。

（2）水土资源不匹配。我国水资源总量较为丰富，但各地区之间水资源丰富程度差别较大，南北方之间、上下游之间水资源分布同人口、耕地分布极不匹配。南方国土面积占全国总面积的36%，耕地占40%，水资源总量占全国的81%，人均水资源量约3 300立方米，属土地资源少而水资源相对丰富的地区；北方国土面积占全国总面积的64%，耕地占60%，但水资源总量仅占全国的19%，人均水资源占有量为900立方米，属于土地资源多而水资源贫乏的地区。另外，由于大多数江河由西向东流，水量大多来自上中游地区，而人口和经济社会发展对水资源的需求主要集中在中东部地区，加之大江大河之间一般有高山分水岭阻隔，水系沟通困难，水资源分布与经济社会发展格局不相匹配。南北方、上下游之间水土资源不相匹配，加之水资源年际变化显著和年内高度集中导致的天然供水过程与需水过程不相匹配，使得区域水资源供需矛盾尖锐，干旱灾害脆弱性加剧。

（3）全球气候变化及气候异常。根据政府间气候变化专门委员会（IPCC）《第四次评估报告》，全球气候正在不断变暖，干旱等极端事件发生频率增加。近百年我国气候也在变暖，气温升高了0.4~0.5℃，尤其是北方地区冬季增温明显。据研究预测，我国气候还将进一步变暖，到2030年全国平均气温将上升1.5~2.8℃，到2050年将上升2.3~3.3℃，到2100年上升3.9~6.0℃。据估计，未来50~100年，我国北方部分省份年平均径流深将减少2%~10%；预计2050年西部冰川面积将减少27.2%，高山地区冰储量将大幅度减少，冰川融水对河川径流的季节调节能力也将大大降低。气候变化通过海平面上升、大气环流变化、蒸发增加、冰雪条件变化等引起降水、蒸发、入渗、河川径流等一系列变化，从而改变整个水文循环过程，增加水旱灾害发生频次，进一步影响到农业、牧业、渔业、航运、水力发电等多个部门。

2. 干旱灾害的人为因素

（1）水资源刚性需求增加。随着人口的增长和经济社会发展，水资源刚性需求大幅度增加，同时对水的质量和供给保证率的要求也越来越高，导致水资源供需矛盾更加突出，进一步加剧了干旱的影响。

（2）水资源利用率较低。长期以来，我国水资源管理比较粗放，利用率较低。近年来，国家加强了节水技术的推广和灌区的续建配套，农业用水总量没有随着粮食产量的提高而大幅增长，但全国仍有许多地区采用大水漫灌方式，水的有效利用率平均只有 40%，远低于发达国家 70%~80%的水平。我国农业 1 立方水的生产能力约为 0.85 千克，仅为发达国家的一半左右。我国工业万元产值用水量 90 多立方米，是发达国家的 3~7 倍，工业用水重复利用率约 52%，而发达国家的工业水平可达 80%的水平。此外，水环境污染严重。目前，在全国七大流域中，有近 50%的河段受到不同程度的污染，其中 10%的河段污染极为严重，已丧失了水体应有的功能，75%的城市河段已不适宜作为饮用水水源。

（3）抗旱基础设施建设滞后。抗旱基础设施是开展抗旱减灾工作的前提条件，但我国抗旱基础设施建设相对滞后，抗旱减灾能力还远远不能满足经济社会发展的要求。目前，全国耕地有效灌溉面积为 8.67 亿亩（1 亩≈667 平方米，15 亩=1 公顷，全书同），不到总耕地面积 18.5 亿亩的一半，大部分耕地还是靠天吃饭，丰歉受制于天。另外，现有的水利工程大部分是 20 世纪 70 年代以前修建的，设计标准偏低，建设质量较差，工程不配套，加之长期以来重建轻管思想尚未从根本上扭转，管理粗放，手段落后，经费不足，缺乏工程良性运行机制，致使许多工程设施老化失修严重，抗旱效益衰减。近几年，中央加大了对病险水利工程的除险加固力度，加大了对大中型灌区节水改造和配套，使这种状况有所好转，但目前仍有相当部分的水利工程设施老化失修问题没有得到解决。在供水方面，目前全国有 2 亿多农村人口饮用水不安全。相当一部分城市供水体系极其脆弱，有的城市供水仅仅依靠一座水库或一个湖泊，水源单一；有的城市靠远距离调水解决城市用水问题，供水安全隐患很大，抵御旱灾的能力很弱。在一些水资源短缺、地下水严重超采的地区，一旦遇到特大干旱，城市生活和经济发展都将面临巨大威胁。

四、我国干旱灾害的特点

通过对我国干旱灾害的形成原因进行分析，可以发现干旱灾害具有以下基本特点。

(1) 由于我国幅员辽阔，天然降水量以及水资源时空分布不均，而且水土资源的组合很不平衡，干旱灾害在许多地区已经成为一种不可避免的经常性自然灾害。

(2) 我国干旱危害地域十分广泛，不仅西北内陆地区经常遭受干旱灾害，就连降水量较多的东部地区和西南地区，也由于降水量年际、年内分配不均匀，常常出现季节性干旱灾害。原来在降水量相对偏少的北方地区经常发生旱灾，近年来南方地区发生干旱灾害的频率也在提高。

五、旱情的分布规律

1. 旱情的时间分布规律

按照干旱发生的季节，可分成春旱、夏旱、秋旱、冬旱和连季旱。

(1) 春旱是指一年中3—5月发生的干旱。春季正是越冬作物（秋季播种，幼苗经过冬季，到翌年春季或夏季收割的农作物）返青、生长、发育和春播作物（春天播种的作物）播种、出苗的季节，特别是北方地区，春季是“春雨贵如油”“十年九春旱”的季节。一旦降水量比正常年份偏少，发生严重干旱，不仅影响夏天收获的粮食产量，还会造成春播基础不好，影响秋作物的生长和收成。

(2) 夏旱是指一年中6—8月发生的干旱，三伏期间发生的干旱又称为伏旱。夏季是晚秋作物播种和秋收作物生长发育最旺盛的季节，气温高、水分蒸发大，干旱会影响秋作物生长以致减产，夏旱造成土壤基础含水量不足，还会影响到下一季作物（如冬小麦等越冬作物）的生长。这期间正是雨季，长时间干旱少雨，水库、塘坝蓄不上水或蓄水不足，也会给冬春用水造成困难。

(3) 秋旱是指一年中9—11月发生的干旱。秋季是秋作物成熟和越冬作物播种、出苗的季节，秋旱不仅会影响当年秋粮产量，还会影响翌年的夏粮生产。

(4) 冬旱是指一年的12月到翌年2月发生的干旱。冬季雨雪稀少不仅影响越冬作物的安全越冬，还将影响翌年春季的农业生产。

(5) 连季旱是指两个或两个以上季节连续受旱，如春夏连旱，夏秋连旱，秋冬连旱，冬春连旱或春夏秋三季连旱等。由于我国幅员辽阔，降水的时空分布十分不均匀，各地区作物的生长季也不同，所以，降水稀少可能会发生在任何季节，任何季节发生干旱都可能会影响某些地区作物的生长。

2. 旱情的空间分布规律

我国各区域发生干旱的一般规律是：东北地区以春旱和春

夏连旱为主；黄淮海地区多春夏连旱，以春旱为主；长江中下游地区主要是伏旱或伏秋连旱；西南地区多冬旱、春旱，以冬春连旱为主；华南地区虽然降水总量丰沛，但因年、季分布不均，春、夏、秋也常有旱情；西北地区降水量稀少，为全年性干旱，农作物灌溉水源主要靠高山融雪和少量雨水，如果积雪薄，或气温偏低融雪少，则灌溉水不足，将会产生严重旱情。

（1）东北地区。东北地区包括黑龙江、吉林、辽宁3个省，纬度较高，气温较低，农作物生长季节较短，一年一熟。生长期一般为4—9月，全生育期作物需水量为500~600毫米，同期降水量东部较大，接近或略大于作物需水量，西部较小，低于作物需水量。春季4—5月降水较少，西部一般在40~50毫米，东部在60~80毫米，均低于100~120毫米的作物需水量，如遇春季土壤底墒不足，春旱极易发生。春旱发生的频次为西部较高，东部较低；初夏6月需水量增多，而雨季还未来临，初夏旱易于发生；7—8月雨季降水增多，一般能满足同期作物需水要求，当年降水量偏少和降水年内分配不均时才发生干旱。本地区以春旱、夏旱和春夏连旱为主，夏旱发生频次较春旱为低。

（2）黄淮海地区。黄淮海地区包括北京、天津、河北、河南、山东和山西6个省（直辖市），除淮南灌溉总渠以南地区外，均位于南北气候分界线的淮河、秦岭以北，降水量一般为400~800毫米，降水集中在汛期，春季降水少。黄河和海滦河平原地区春季3—5月作物亏缺水量一般在120~200毫米，春旱严重；初夏雨季未到，时有干旱；盛夏雨季，旱情较少，该地区多为春夏连旱，以春旱为主。淮河流域山东南部和山东半岛春季亏缺水量100~150毫米，河南地区春季作物亏水较少；夏季雨带北移，河南地区亏缺水量较多。淮河流域河南地区以夏旱为主，部分地区以春旱为主，山东南部和山东半岛以春旱为主。

（3）西北地区。西北地区包括陕西、甘肃、宁夏[①]、内蒙古[②]、新疆[③]和青海6个省（自治区），气候干旱少雨，年降水量在400毫米以下，各季降水量不能满足作物需水量要求，为全年性干旱，是没有灌溉就没有农业的地区。农作物由于受灌溉水源年内、年际丰枯变化的影响，常出现季节性干旱。新疆北部灌区多发生春旱，南部灌区多发生春旱和秋旱。宁夏多为春夏连旱，甘肃、青海多为春旱和夏旱。宁夏河套灌区、甘肃河西走廊灌区以及青海的西宁和海东地区的灌区，由于灌溉水源条件较好，干旱发生的频次也较少。

（4）长江中下游地区。长江中下游地区包括江苏、安徽、湖北、湖南、浙江、上海和江西7个省（直辖市），位于东亚季风盛行区，多年平均降水量为800~1 600毫米，年降水变率10%~25%，作物主要生长期4—9月的降水量占全年60%~80%，降水变率15%~30%。春季多雨，春旱很少发生。在初夏季节遇“枯梅”和“空梅”，以及在夏秋时节副热带高压控制下，出现持续晴热少雨天气时，水稻需水得不到满足，易发生夏旱或夏秋连旱。

（5）华南地区。华南地区包括福建、广东、广西[④]和海南4个省（自治区），属湿润季风气候，雨水充沛，农作物一年三熟，无农事休闲地。一年四季中任一生育期的农田水分供应不足，就会引起干旱。海南省、广东南部和广西中部为春旱为主的地区，广东东部、广东北部和广西东部为秋旱为主的地区，广西西部为春秋旱为主的地区。

① 宁夏回族自治区，简称宁夏，全书同。
② 内蒙古自治区，简称内蒙古，全书同。
③ 新疆维吾尔自治区，简称新疆，全书同。
④ 广西壮族自治区，简称广西，全书同。

（6）西南地区。西南地区包括四川、重庆、云南、贵州和西藏[1]5个省（自治区、直辖市），处于我国东部季风区与青藏高寒区的过渡带。本地区的四川中西部和云南、贵州西部多为春旱、夏旱和春夏连旱。贵州东部和四川东部多为夏旱。

第二节　干旱灾害对我国的影响及危害

受特定的自然地理及气候条件影响，我国是世界上干旱灾害最为频繁且损失相对严重的国家之一，局地性或区域性的干旱灾害几乎每年都会出现。近几十年来，受全球气候变暖的影响，极端气候事件日益增多，特别是随着我国国民经济快速发展、城市化建设进程加快，以及人口不断增长，干旱灾害影响范围已从农村和农业扩展到城市和生态，严重地威胁着我国的粮食安全、城乡居民饮用水安全和生态安全。根据干旱灾害影响范畴来分，可以分为干旱灾害对经济发展、自然环境和人类社会的影响3个方面。

一、干旱灾害对我国经济发展的影响

1. 对农业生产的影响

古往今来，农业历来是受干旱灾害影响最直接、最严重的产业。而农业本身又是一个大的范畴，可以细分为种植业、畜牧业、林业和渔业等，一旦遭遇干旱灾害，这些部门往往都会受到一定的影响。

（1）种植业。种植业是农业的重要基础，不仅是人类赖以生存的食物与生活资料的主要来源，还为国民经济其他有关部门提供原料。然而，全球范围内局地性的干旱灾害每年都有发

① 西藏自治区，简称西藏，全书同。

生，往往造成农作物减产乃至绝收，严重时甚至威胁到粮食安全问题。

例如，2000 年全国作物因干旱受灾面积高达 4 050万公顷，占当年播种面积的 25.9%，接近多年平均受灾面积的 2 倍；成灾面积 2 680万公顷，占因干旱受灾面积的 66.1%，接近多年平均成灾面积的 3 倍；因干旱粮食损失接近 5 900 万吨，约为多年平均因干旱粮食损失的 4 倍，占到当年粮食总产的 13%。

那么，干旱是如何影响农作物的呢？在长期高温无雨或少雨的情况下，由于蒸发强烈，土壤水分发生亏缺，作物体内水分平衡遭到破坏，影响其正常生理活动，最终导致作物的生长和产量受到影响。不过，作物生育的不同阶段对干旱缺水的敏感性是不同的，有的生育阶段受旱对最终产量影响不大，而有的生育阶段受旱会造成严重减产。这种对干旱缺水特别敏感的时期称为作物需水临界期，一般都在生殖生长期。在需水临界期，作物抵抗干旱的能力减弱，新陈代谢增强，需水量增加。如果这个时期缺水，新陈代谢会严重紊乱，生长受抑制，最终表现为穗小、粒少、粒小，产量显著降低。

干旱灾害对农作物的影响，不仅在于其本身可能造成的作物减产，往往还诱发蝗灾等病虫害泛滥，进一步加剧对农业生产的影响。我国古书上就有“旱极而蝗”的记载。历史资料的记载也表明，蝗灾与旱灾同年发生的概率最大。据河南省历代自然灾害资料汇编记载，在清代的 193 次旱灾中，并发蝗灾的有 109 次；1912—1948 年发生的 35 次旱灾中，伴有蝗灾的有 29 次。

（2）畜牧业。畜牧业是农业的主要组成部分之一，与种植业并列为农业生产的两大支柱。干旱灾害对畜牧业造成的主要危害是牧草缺水不能正常生长，使草地可载畜量大幅度下降；牲畜因饲料和饮水短缺造成发育不良，质量下降甚至死亡。此外，在牧区，干旱灾害还常常伴有严重的病虫鼠害，甚至于草场火灾，进一步加剧对畜牧业的影响。

首先是对草地生产力的影响。春季为牧草返青期，需水量大，春旱会造成牧草返青推迟，或牧草返青后又因干旱而枯萎。据统计，凡春旱发生的年份，牧草返青期要比正常年份推迟10~15天，重旱年份则可能推迟20~30天。夏旱主要影响牧草的产量，也影响牧草的品质，使牧草适口性差。发生春夏连旱，对牧草生长的影响更大，导致牧草长势差，严重歉收，不仅影响当年的畜牧业生产，还将影响到冬季饲草料的储备及翌年畜牧业生产。

其次是对牧区牲畜成长的影响。冬春季是母畜产仔期，冬春干旱也易造成仔畜的大量死亡。牧区从冬季到初春发生持续干旱（通常称为黑灾），常常造成牲畜饮水困难。当发生黑灾时，放牧转场过程中，常造成母畜流产、牲畜掉膘、体弱、疫病流行和死亡。春季是牲畜的饱青期，如果发生春旱，牧草返青期推迟，牲畜无法采食，饱青期缩短，就会导致膘情下降。由于经历了冬季的牛羊身体很虚弱，春旱很容易造成牲畜的死亡。发生春夏连旱，不仅使牲畜缺少饲料，影响牲畜的生长发育，还会造成冬季饲草料的储备不足，直接影响牲畜过冬和翌年畜牧业的发展。春夏连旱常常造成牲畜饮水困难，饲草料缺乏，导致牲畜大批死亡。

（3）林业。林业是国民经济的重要组成部分之一。干旱灾害对林业造成的主要危害是导致森林土地生产力降低、病虫害蔓延和森林火灾等。

首先是对森林土地生产力的影响。对于多数树种而言，春季是开花、播种和苗木开始新一轮生长周期的关键时期，过度干旱会对树木或苗木的正常生理过程和花芽分化以及播种后种子的顺利出土成苗造成不利影响，进而导致林木种子、苗木的产量和质量下降，影响林业顺利生产。其次是可能引起森林病虫害蔓延泛滥。干旱容易导致寄主植物生长势下降，进而造成植物抗病虫能力的降低。再就是容易引发森林火灾。森林火灾的发生与气象条件关系密切，火灾高峰期总是发生在干旱季节或持续性干旱以后，因为这时空气干燥，可燃物含水量低，最易引燃。特别是长期的干旱常常导致极端火险天气的出现，一旦发生森林火灾，火烧蔓延速度快、火强度高，不易扑救，容易发展成为森林大火。

（4）渔业。渔业生产要可持续发展，充足的水源是渔业生产的基本保证。因此，当发生严重干旱时，渔业生产用水得不到保证，渔业生产就无法正常进行。

干旱出现在不同时期，对鱼类的影响是不尽相同的。春季是亲鱼性腺发育阶段，对亲鱼池经常注水和流水刺激，保持水质肥、活、嫩、爽，是促进亲鱼成熟，提高怀卵质量的有效途径，而在春旱的影响下，这些都无法正常进行，直接影响了亲鱼的成熟，苗种孵化就不能预期进行。同时，春旱使得许多养殖鱼塘没有水或者储水严重不足，不能及时投放鱼种，错过了最佳放养季节，缩短了养殖周期，有的甚至因此抛荒。发生夏旱时，由于要确保农业生产用水，大部分养殖鱼塘、水库储水被迫用作农业生产灌溉，塘、库处于干塘或半干塘状态，直接影响了渔业的正常生产。

2. 干旱灾害对工业发展的影响

一般而言，工业的供水保证率要高于农业，在一般干旱年份，工业用水可以基本得到满足。但是，当发生较为严重干旱或持续性干旱时，为了确保生活用水，不得不严格控制工业用水，工业生产常不可避免地要受到一定的影响。

工业生产因干旱受到的影响和损失，常常表现在以下 3 个方面：一是干旱缺水可能致使部分企业限时生产，甚至被迫停产，造成企业生产能力闲置，产品产量下降；二是企业尚可基本维持生产，但因干旱缺水使水质变坏，造成生产的产品质量下降，影响产品市场竞争能力，如降价销售，企业利润受损；三是干旱期间，采取的一些应急措施如大幅度提高生产用水的价格，会导致企业生产成本增加，利润率下降。

干旱期间，可能受到影响的工业生产部门众多，不过由于不同工业种类对水的依赖程度不同，因旱造成的影响也不尽相同。譬如，水电以水资源为动力，通常分布在江河水资源丰富的地区，当遇到较长时间干旱时，河流水位降低，水源不足，就会影响到发电量。煤电业进行生产时需要大量的冷却水，干旱引起的冷却水供给不足也会影响到煤电厂的发电量。同时由于干旱常伴同着高温，使城乡抽水和降温的用电量增加，形成越是干旱高温需要电力多的时间生产能力越受到影响的矛盾。又如，对于冶炼工业而言，钢铁和有色金属冶炼需要大量的冷却水，此外，采矿和选矿也需要大量的水，但发生干旱时，常不得不削减其用水量，以致造成缺水停工、缺电停产。此外，干旱常常对造纸业、纺织业、化工业以及食品业等也会造成较大影响。

3. 干旱灾害对服务行业的影响

发生干旱时，农业往往是首先受到冲击和影响的行业，但是随着旱情等级的逐渐升级，为了确保居民生活用水，服务行业以及工业生产部门也可能相继受到影响。当城市因干旱缺水程度达到需要对部分企业实施停产或限时生产措施时，一般首先考虑控制与水有关的非生产性高耗水服务行业的用水，如桑拿、浴池、游泳池、洗车场、宾馆、饭店、酒店等，包括限时供水、压减用水量等。当旱情特别严重期间，甚至可能暂时关闭一些洗浴场所、洗车场等。

二、干旱灾害对我国自然环境的影响

1. 对水资源的影响

干旱灾害对水资源的影响，既可分为对水资源数量和质量的影响，也可分为对地表水和地下水的影响。

干旱期间，天然降水较正常情况偏少，江河、湖泊、水库等地表水体缺少必要的水源补充，再加上干旱期间常伴随着气温偏高、水面蒸发偏大，因而常常导致地表径流量减少，以至于河川断流、湖泊干涸、水库干枯等。譬如，1997 年黄河流域发生严重干旱，黄河下游发生了有记录以来最严重的断流，利津河段全年累计断流 13 次、226 天，断流一度上延至河南省开封市柳园口河段，断流长度 700 多千米。2006 年川渝特大干旱期间，重庆近 2/3 的溪河断流，275 座水库降至死水位；四川有 14.69 万条溪河（一般面积小于 100 平方千米）断流，1 100 座小型水库蓄水量在死库容以下，10.41 万口塘堰干涸。此外，干旱期间，由于地表径流量减少，河流、湖泊等陆地水体的纳污能力和稀释能力下降，地表水体的污染加重，水质恶化。一些中小河流因无地面径流量补给，沿途纳入城镇和乡村企业的污水和废水，几乎成了一条污河、臭水沟，不仅影响沿岸城镇和乡村自身用水，也污染环境。一些湖泊矿化度急剧增高，水质明显下降。

干旱少雨的年份地下水位原本就低于雨水丰沛的年份，一旦遭遇干旱灾害，常常大量开采地下水，其后果是造成地下水水位持续下降和大面积漏斗区出现，在一些地区更是出现了地面沉降，严重破坏了这些地区的生态环境。例如，2000 年全国大旱中，河北全省平原地区深层地下水位下降 5~11 米，有 17 万眼机井出水不足或吊空，其中 5 万眼完全报废。此外，由于地下水补给条件的改变，河道污水侵入，造成了地下水水质恶化。海水入侵与干旱也密切相关。由于干旱和河川径流量的减少，滨海区超量开采地下水，地下淡水水位下降，海水与淡水的交界面不断向内陆推移，导致地下淡水咸化，影响工农业生产和生活饮用，并造成大片耕地盐碱化。

2. 对土地资源的影响

干旱灾害一旦发生，对水资源有直接的影响，同时，也对土地资源具有间接的影响作用，如引起草场退化、土地荒漠化等。虽然通常是当干旱灾害达到一定严重程度，并持续较长时间时才会造成草场退化、土地荒漠化等严重后果，但是一旦造成，其影响往往是不可逆转的。

草场退化与不合理的放牧制度、割草方式以及过度开垦等人为因素紧密相关，不过干旱灾害在草地退化的过程中扮演着重要的角色。干旱灾害使牧草的地下部分生物量减少，迫使地上部分停止生长或枯死，造成草场荒芜、尘沙泛起。

据统计，我国土地沙化速度已由 20 世纪 70 年代的年均 1 560 平方千米，发展到 20 世纪 90 年代末期的 3 436 平方千米，这其中的原因较为复杂，但干旱灾害也是不可忽略的重要因素之一。例如，甘肃省民勤地区位于石羊河流域的最下游，是一处深入沙漠的绿洲。

3. 对生物资源的影响

生物资源是生物圈中一切动、植物和微生物组成的生物群落的总和。如前文所述，干旱灾害对水资源、土地资源都有影响，譬如导致河道断流、湖泊萎缩、地下漏斗扩大、湿地面积减小、土地沙漠化、绿洲萎缩、植被退化甚至死亡等。因此，必然对生活在水中和陆地上的动植物也有影响，以至于造成生物多样性减少等严重后果，这些后果有时候也是不可逆转的。

水，既是生态系统的重要组成部分，又是生态系统的控制性要素。20世纪90年代，黄河下游几乎年年断流，黄河三角洲生态系统遭到严重破坏，湿地萎缩近一半，鱼类减少40%，鸟类减少30%。

三、干旱灾害对我国人类社会的影响

1. 对生活质量的影响

干旱灾害发生之后，往往直接作用的对象是农业、工业、服务行业等经济生产部门或者水资源、土地资源等自然环境系统，但是其最终作用的对象实际上是人类社会，社会活动正常秩序被破坏，人们的生活质量下降。不过，由于作用的环境不同，干旱灾害对城市和农村居民生活质量影响的方式也不尽相同。

对于城市居民而言，干旱灾害主要是通过居民消费价格指数变动与食品价格波动影响其生活。干旱灾害造成的居民消费价格指数（CPI）上涨等因素，直接导致居民生活水平下降，尤其对低收入群体影响更大。以2006年川渝特大干旱为例，特大干旱导致作物普遍减产，推动粮食和蔬菜价格上涨，饲料作物减产也使主要副食品包括鲜蛋、牛奶、生猪、家禽等产量均有下降，油料作物减产和价格上涨又推动食用油价格上涨，最终导致食品价格指数全面上涨。长期持续干旱，还会造成生态环境恶化。春季干旱极易造成空气质量下降，夏季干旱缺水会加剧城市热岛效应，导致高温高热影响居民生活质量。同时，在持续干旱条件下也容易造成疾病流行，危害居民健康。

对于农村居民而言，干旱灾害造成的影响主要集中在农村人畜饮水困难和农民增收困难等方面。农村供水设施相对落后，往往容易受到干旱威胁，造成较大范围的人畜饮水困难，且高温干旱期因地面饮用水污染容易造成疾病流行。

2. 对社会稳定的影响

人们对于干旱灾害的关注，不仅仅在于其造成的严重经济损失，更在于其可能造成的社会影响。通常，发生一般干旱灾害时，更多的是因旱造成的各类经济损失，但是，一旦发生严重甚至特大干旱灾害时，往往需要考虑社会稳定因素。尤其是在旧时代，干旱灾害对社会治安的影响非常严重。每逢旱灾频发年代，“禾稼枯槁”“树皮皆空”“树叶尽充民食，枯亙而不复萌芽者大率十九”“寸粒不收”“飞蝗遍野”“流民塞道”甚至“人相食”的惨景不绝于目。在这样的形势下社会矛盾激化，民不聊生，动乱加剧，甚至揭竿而起。

随着社会的发展和进步，干旱灾害造成人员伤亡、大范围饥荒和严重社会动荡的现象已不复存在。但是，伴随着各国经济的高速发展，对水资源的需求日益增加，干旱缺水局面在一些地区越来越严重，由干旱灾害引发的粮食安全问题以及饮水安全问题仍不容忽视，国家及地区之间因干旱引发的水资源纠纷和矛盾仍需高度重视，因为这关系到整个社会的稳定和发展。

第三节　抗旱减灾措施

抗旱是指通过采取工程措施或者非工程措施，预防和减轻干旱灾害对生活、生产和生态造成不利影响的活动。干旱是“渐变性”灾害，气候的短期异常造成降水偏少是时常发生的现象，容易被我们忽略。干旱的累积效应即便对农业的直接影响也要等到3个月后才能表现出来，它对社会经济及生态环境等的间接影响则滞后更久才表现出来。基于干旱灾害与洪水、地震等其他灾害的差异，应对不同旱灾的方法也是不同的。防洪是短时间、集中性的；而抗旱是长期、大范围的。

新中国成立以来，我国政府高度重视防旱和抗旱减灾工作。

目前，已经形成了自上而下的抗旱组织体系，初步建成了以蓄、引、提、调为主的工程体系，逐步开展了政策法规制定、抗旱预案及规划编制、抗旱信息化建设、抗旱服务组织建设、抗旱应急水量调度、农业抗旱节水技术等方面的非工程体系建设，基本具备了抗御中等干旱的能力，为保障我国经济社会稳定发展和人民安居乐业作出了巨大贡献。

一、抗旱减灾工程措施

抗旱工程措施主要有蓄水工程（包括水库、塘坝、水窖等）、引水工程（包括有坝引水、无坝引水）、提水工程（包括机电排灌站和机电井）、调水工程等。不同的水利工程通常是特定自然环境的产物，如南方多蓄水工程，北方多引水工程，山区多蓄水工程，平原多提水工程，南方多水库塘坝，北方多机电井等。虽然不同区域水利工程类型不尽相同，但在同一区域中，常常需要蓄、引、提、调等多措并举。

1. 蓄水工程

常见的蓄水工程按蓄水量从大到小分别有水库、塘坝和水窖。在利用河川或山丘区径流作灌溉水源时，壅高水位，可在适当地段筑拦河坝以构成水库，还可修筑塘坝等拦截地面径流，也可修建水窖集雨蓄水。通过建设蓄水工程，可以达到调节径流、以丰补歉、发展灌溉、增加供水等目的，从而提高抗旱减灾能力。

2. 引水工程

引水工程是指从河道等地表水体自流引水的工程（不包括从蓄水、提水工程中引水的工程）。在我国，引水灌溉工程具有非常悠久的历史。早在公元前605年，孙叔敖主持兴建了我国最早的大型引水灌溉工程——期思雩娄灌区。在史河东岸凿开石嘴头，引水向北，称为清河；又在史河下游东岸开渠，向东引水，称为堪河。利用这两条引水河渠，灌溉史河、泉河之间的土地。因清河长45千米，堪河长20千米，共65千米，灌溉有保障，后世又称“百里不求天灌区”（1里=500米）。经过后世不断续建、扩建，灌区内有渠有陂，引水入渠，由渠入陂，开陂灌田，形成了一个“长藤结瓜”式的灌溉体系。直到今日，江河引水灌溉仍然是非常重要的水利工程设施之一。

3. 提水工程

提水工程指从河道、湖泊等地表水或从地下提水的工程（不包括从蓄水、引水工程中提水的工程）。提水灌溉是指利用人力、畜力、机电动力或水力、风力等拖动提水机具提水浇灌作物的灌溉方式，又称抽水灌溉或扬水灌溉。

4. 调水工程

调水是指将水资源从一个地方（多为水资源量较丰富的地区）向另一个地方（多为水资源量相对较少或水量紧缺的地区）调动，以满足区域或流域经济、社会、环境等的持续发展和对水资源量的基本需求，解决由于区域内水量分配不均或其他原因引起的非人力因素无法解决的区域局部缺水问题及由于缺水而引发的其他方面的问题。调水工程是指为了从某一个或若干个水源取水并沿着河槽、渠道、隧洞或管道等方式送给用水户而兴建的工程。调水工程是一种工程技术手段，它可解决水资源与土地、劳动力等资源空间配置不匹配的问题，实现水与各种资源之间的最佳配置，从而有效促进各种资源的开发利用，支撑经济发展。

5. 节水灌溉工程

节水灌溉是根据作物需水规律及当地供水条件，高效利用降水和灌溉水，用尽可能少的水投入，取得尽可能多的农作物产出的一种灌溉模式，目的是提高水的利用率和水分生产率。节水灌溉不是简单地减少灌溉用水量或限制灌溉用水，而是更科学地用水，在时间和空间上合理分配和使用水资源。节水灌溉是相对的概念，不同的自然条件和社会经济条件对节水灌溉的要求也不同。

节水灌溉工程主要包括渠道防渗工程、低压管灌工程、喷灌工程、微灌工程等。渠道防渗工程技术是指为减少输水渠道渠床的透水性或建立不易透水的防护层而采取的各种技术措施。按照渠道防渗选用的材料，可分为土料防渗渠道、水泥土防渗渠道、砌石防渗渠道、混凝土防渗渠道、沥青混凝土防渗渠道和膜料防渗渠道。低压管灌，即低压管输水灌溉，其管道系统的工作压力一般不超过 0.2 兆帕，是以低压管道代替明渠输水灌溉的一种工程形式。喷灌是利用水泵加压或自然落差将水通过压力管道输送到田间，再经喷头喷射到空中后形成细小的水滴（近似于天然降水洒落在农田），从而灌溉农田的一种先进的灌水方法。微灌是指按照作物生长所需的水分和养分，利用专门设备或自然水头加压，再通过系统末级毛管上的孔口或灌水器，将有压水流变成细小的水流或水滴，直接送到作物根区附近，均匀、适量地施于作物根层所在部分土壤的灌水方法。

6. 抗旱应急水源工程

抗旱应急水源工程主要是解决发生严重及特大干旱灾害时针对保障目标而建设的水源工程。目前，我国农村仍有 2.5 亿多人口饮用水不安全，每当发生严重旱情的时候，广大农村都会出现上千万群众生活用水短缺，需要动用大量人力、物力给群众拉水送水或者实施跨流域调水，这些应急措施不但投入大、成本高，而且难以满足广大群众的用水需要。另外，一些城市的供水水源单一，缺少应有的备用水源，难以应对特大干旱、咸潮、水污染等引发的供水危机。因此，抗旱应急备用水源建设是今后一个时期抗旱工作的首要任务。抗旱应急水源工程是抗旱减灾的基础，包括城镇抗旱应急水源工程、农村抗旱应急水源工程（包括农村饮用水应急水源工程、农业抗旱应急水源工程）、生态抗旱应急补水工程等。

7. 水土保持工程

水土保持就是为了防治水土流失，保护、改良与合理利用山丘区、丘陵区和风沙区的水土资源，维护和提高土地生产力，以利于充分发挥水土资源的经济与社会效益，建立良好的生态环境的综合性科学技术。

8. 人工增雨工程

人工增雨工程是指在适当的云雨条件下，针对不同的云，采用相应的人工催化技术方法，改变云降水的物理过程，以达到增加局地降雨的一项科学技术。人工增雨有两个目标，一是从不能降雨的云中得到部分雨水，二是从已能降雨的云中得到更多的雨水。实践证明，通过人工增雨将云水资源转化为可供利用的水资源，不仅可养墒保墒，增加蓄水，还可补充地下水，实现主动抗旱，是缓解水资源供需紧张矛盾的具有长远和实际意义的一种有效途径。

目前，人工增雨催化剂通常分为三类。第一类是可以大量产生凝结核或凝华核的碘化银等成核剂；第二类是可以使云中的水分形成大量冰晶的干冰等制冷剂；第三类是可以吸附云中水分变成较大水滴的盐粒等吸湿剂。碘化银、干冰等是适用于温度低于0℃冷云的催化剂；而盐粒等是只适用于温度高于0℃暖云的催化剂。后者属于碱性物质，对增雨设备、农作物都有一定的腐蚀作用，所以，目前我国主要是对冷云实施人工增雨。

9. 再生水利用工程

再生水是指污水经适当处理后，达到一定水质指标，满足某种使用要求，可以进行循环再利用的水。再生水水量大、水质稳定、受季节和气候影响小，是一种十分宝贵的水资源，是国际公认的“城市第二水源”。再生水可用于农业、工业、建筑、地下水回灌、景观、娱乐、河流维持等方面，不同的用途对污水处理有不同的要求。目前，常用的污水回用技术包括传统处理（混凝—沉淀—常规过滤）、生物过滤、活性炭吸附、消毒、生物脱氮除磷、膜分离等，可选用一种或几种组合。

10. 海水淡化工程

海水淡化是指将含盐量为 3 500 毫克/升的海水淡化至 500 毫克/升以下的饮用水。目前，经海水淡化的水资源主要用于两方面：一是用于城镇居民和海岛居民的生活用水；二是用于工业企业生产用水，特别是作为锅炉补充水等工业用高纯水。根据海水分离过程，海水淡化的方法主要包括蒸馏法、膜法、冷冻法和溶剂萃取法等。

二、抗旱减灾非工程措施

抗旱非工程措施是指通过政策、法规、行政管理、经济、科技等抗旱工程以外的手段来减少干旱灾害损失，包括法规制度制定、抗旱规划及预案编制、抗旱信息化建设、抗旱服务组织建设、抗旱经费及物资保障、抗旱应急水量调度以及农业抗旱节水技术等。

1. 法规制度制定

从 20 世纪 90 年代开始，国家防汛抗旱总指挥部办公室先后制定了一系列与抗旱相关的制度和办法，主要包括：旱情统计和报告制度；旱情会商制度，各级抗旱部门会同水文、气象、农业等部门定期分析旱情发展趋势和研究抗旱对策，为领导决策和指导工作提供依据；旱情发布制度，抗旱部门按照规定发布旱情、灾情信息；抗旱经费和抗旱物资使用管理制度；抗旱总结制度，各省（自治区、直辖市）年终都要认真核实灾情，进行全面总结；灾情核对制度，每年年底，民政部牵头，组织国家防办、农业农村部以及其他有关单位共同核定当年旱灾损失情况。

2. 抗旱预案编制

编制抗旱预案是各级政府有计划、有准备地防御干旱灾害，最大限度地减轻干旱对城乡人民生活、生产和生态环境等造成的损失和影响，增强抗旱工作主动性的一项重要举措。推行抗旱预案制度是变被动抗旱为主动抗旱的有效措施，是推动抗旱工作实现正规化、规范化、制度化的一项重要内容。

按照抗旱工作范围、任务、目标和措施，抗旱预案分为总体抗旱预案和专项抗旱预案。总体抗旱预案用于指导本行政区域内的全面抗旱工作，涵盖城乡生活、生产和生态等方面，分为国家、省、市、县、乡五级预案。专项抗旱预案包括流域水量调度预案和城市、生态、重点工程的抗旱预案等。预案主要内容包括总则、基本情况、组织指挥体系及职责、预防、预警、应急响应、信息发布、后期处置、保障措施、宣传培训与演练等。预案中抗旱应急响应措施包括工作会商、工作部署、部门联动、协调指导、方案启动、宣传动员等。省级应急响应措施应强化组织、协调和指导等方面内容；地级应突出上下级沟通、协调、组织和指导等方面内容；县级重点是明确抗旱水量调度、抗旱设施运行、应急开源、节约用水和抗旱队伍组织等具体措施。

3. 抗旱规划编制

抗旱规划是对某一区域抗旱减灾工程和非工程体系的总体布局，是防御和减轻区域干旱灾害的重要指导性文件。编制和实施抗旱规划，对抗旱减灾工作进行长远的谋划布局和系统建设，是保障城乡供水安全和粮食安全、保护生态环境、支撑经济社会可持续发展的一项重要任务。

在编制抗旱规划的过程中，应遵循以人为本、合理规划，以防为主、防抗结合，以及因地制宜、突出重点三大基本原则。规划主要内容包括干旱灾害及抗旱基本情况调查与评估、指导思想和目标任务、抗旱应急备用水源及其工程体系、旱情监测预警和抗旱指挥调度系统、抗旱服务管理体系、投资估算与规划实施意见、规划实施效益评价和环境影响评价、保障措施等。

4. 抗旱信息化建设

抗旱信息化建设是水利信息化的重要组成部分，可以提高旱情信息采集、传输的时效性和自动化水平，实现抗旱科学决策和指挥调度，为干旱灾害风险管理奠定重要基础。我国各级水利部门通过多年的水利信息化建设，尤其是国家防汛抗旱指挥系统工程的建设，为抗旱信息化的建设奠定了良好的基础。

5. 抗旱服务组织和物资储备建设

抗旱服务组织是农村社会化服务体系的组成部分，是抗旱减灾的重要力量。抗旱服务组织包括省、市、县、乡四级，其业务工作受同级水行政主管部门领导和上一级抗旱服务组织的指导。目前，全国已建立县级抗旱服务队 1 848 个和乡镇级抗旱服务队 10 108 个，其中国家级示范抗旱服务队 508 个，从事抗旱服务的正式工作人员达 11.3 万人。目前中央和绝大多数地方政府都没有建立抗旱物资储备制度，个别地方建有防汛物资储备仓库，但总体水平偏低。

抗旱服务组织以抗旱服务为中心，公益性服务和经营性服务相结合，以机动、灵活、方便、快捷的服务形式搞好抗旱和实现稳产增产为目标，为群众提供多方位的综合性服务，如：

提水灌溉，抗旱设备维修，燃料和电力供应，灌排设施的建设与维护，抗旱技术咨询等。实践证明，抗旱服务组织比较适合我国农村实际情况，被广大基层干部和群众誉为抗旱的“及时雨”“轻骑兵”和“抗旱110”，成为农村社会化服务体系的重要组成部分，每年在抗旱浇地、解决农村人畜临时性饮水困难等应急抗旱和维修、租赁抗旱设备、参与各类抗旱工程建设中发挥着很大的作用，已发展成为新时期政府组织抗旱的生力军。

6. 抗旱应急水量调度

抗旱水量应急调度是指为应对由于严重干旱或突发事件所造成的紧急缺水而实施的临时性应急水量调度，以缓解缺水带来的城乡生活、工农业生产和生态环境等问题。抗旱应急水量调度包含两个层面的含义：一是对干旱受灾区的现有水源通过转换用水途径、利用水库死库容、截潜流、适当超采地下水和开采深层承压水等非常规措施，增加干旱情形下的可供水量；二是将隶属于不同流域、不同省级行政区（包含省级行政区内不同区域）范围内的水资源临时从相对丰沛区调入短缺区，以缓解干旱受灾区的基本用水需求。

我国已实施了多次抗旱应急水量调度，如先后11次实施引黄济津应急调水，用以缓解天津市的用水危机；为抵御咸潮危害、全力保障珠海和澳门供水，先后7次对珠江水量统一调度；为缓解区域生态危机，先后实施了引岳济淀生态调水、引黄济淀生态调水、扎龙湿地生态补水、引察济向生态应急补水和南四湖生态应急补水等。

7. 农业抗旱节水技术

农业抗旱节水技术是指通过对土壤结构、质地的改良及对土壤添加化学制剂，表面应用覆盖措施，使耕层土壤的水、肥、气、热、盐进行最优耦合作用，达到作物生长的最适宜环境，并应用选育抗旱性强的物种及品质。其最终目的是以土壤为中心，增加降雨灌溉入渗率，减少棵间蒸发和地表地下径流，最终达到提高作物产量，提高作物水分利用率。

农业抗旱节水措施不同于节水工程措施，具有以下两个特点：一是直接节水量为土壤水，而不是地表水或地下水，节水量难以转移到农田以外的利用，主要体现在农田水分生产率的提高；二是抗旱节水作用与增产作用基本同步发生，节水量大多转变为作物增长量，一般情况下田间水分生产效率虽有较大幅度提高，但实际净耗水量并未显著减少。按照抗旱节水机制的性质不同，农业抗旱节水措施可分为保墒类节水措施和提高作物光合效率类节水措施。保墒类节水措施可分为器械保墒、覆盖保墒和化学保墒。提高光合效率类节水措施包括良种化措施、土肥措施、化学调控措施、栽培和管理措施等。

三、应急限水找水措施

1. 轻度干旱和中度干旱

发生轻度干旱和中度干旱时可以采取以下4项措施。

（1）启用应急备用水源或者应急打井、挖泉。

（2）设置临时抽水泵站，开挖输水渠道或者临时在江河沟渠内截水。

（3）使用再生水、微咸水、海水等非常规水源，组织实施人工增雨。

（4）组织向人畜饮水困难地区送水。

2. 严重干旱和特大干旱

严重干旱和特大干旱发生时可以采取以下5项措施。

（1）压减供水指标。

（2）限制或者暂停高耗水行业用水。

（3）限制或者暂停排放工业污水。

（4）缩小农业供水范围或者减少农业供水量。

（5）限时或者限量供应城镇居民生活用水。

四、单位和个人的抗旱义务

为提高全民的节水意识、增强自身的抗旱能力，根据《中华人民共和国抗旱条例》的规定，干旱灾害发生地区的单位、组织和个人应做到如下 14 项内容。

（1）开展抗旱宣传教育活动，增强全社会抗旱减灾意识，鼓励和支持各种抗旱科学技术研究及其成果的推广应用。

（2）任何单位和个人都有保护抗旱设施和依法参加抗旱的义务。

（3）对在抗旱工作中作出突出贡献的单位和个人，按照国家有关规定给予表彰和奖励。

（4）干旱缺水地区的地方人民政府及有关集体经济组织应当因地制宜修建中小微型蓄水、引水、提水工程和雨水集蓄利用工程。

（5）国家鼓励和扶持研发、使用抗旱节水机械和装备，推广农田节水技术，支持旱作地区修建抗旱设施，发展旱作节水农业。

（6）国家鼓励、引导、扶持社会组织和个人建设、经营抗旱设施，并保护其合法权益。

（7）国家鼓励社会组织和个人兴办抗旱服务组织。

（8）乡镇人民政府、街道办事处、村民委员会、居民委员会应当组织力量，向村民、居民宣传节水抗旱知识，协助做好抗旱应急措施的落实工作。

（9）供水企事业单位应当加强对供水、水源和抗旱设施的管理与维护，按要求启用应急备用水源，确保城乡供水安全。

（10）单位和个人应当自觉节约用水，服从当地政府发布的决定，配合落实政府采取的抗旱措施，积极参加抗旱减灾活动。

（11）国家鼓励在易旱地区逐步建立和推行旱灾保险制度。

（12）抗旱经费和抗旱物资必须专项使用，任何单位和个人不得截留、挤占、挪用和私分。

（13）禁止非法引水、截水和侵占、破坏、污染水源。

（14）禁止破坏、侵占、毁损抗旱设施。

第二章　风灾的防御与补救措施

第一节　台风、龙卷风

台风是形成在热带广阔洋面上的一种强烈发展的热气旋(中心气压很低)，也称为飓风。

龙卷风是在极不稳定天气下由空气强烈对流运动而产生的一种伴随着高速旋转的漏斗状云柱的强风涡旋，其中心附近风速为 100~200 米/秒，最大为 300 米/秒，比台风（产生于海上）近中心最大风速大好几倍。其破坏性极强。

台风预警信号分为四级，分别以蓝色、黄色、橙色、红色表示。

蓝色预警：预计未来 48 小时将有热带风暴（中心附近最大平均风速 8~9 级）登陆或影响我国沿海。

黄色预警：预计未来 48 小时将有强热带风暴（中心附近最大平均风速 10~11 级）登陆或影响我国沿海。

橙色预警：预计未来 48 小时将有台风（中心附近最大平均风速 12~13 级）登陆或影响我国沿海。

红色预警：预计未来 48 小时将有强台风（中心附近最大平均风速 14~15 级)、超强台风（中心附近最大平均风速 16 级及以上）登陆或影响我国沿海。

在由国际台风委员会 14 个成员提出的 140 个台风名称中，我国大陆提出的 10 个是：龙王、（孙）悟空、玉兔、海燕、风神、海神、杜鹃、电母、海马和海棠。

一、危害

台风的危害性主要有 4 个方面。①大风。台风中心附近最大风力一般为 8 级以上。②暴雨。台风是最强的暴雨天气系统之一，在台风经过的地区，一般能产生 150~300 毫米降雨，少数台风能产生 1 000 毫米以上的特大暴雨。③风暴潮。一般台风能使沿岸海水产生增水，常常带来狂风暴雨天气，引起海面巨浪，严重威胁航海安全。④登陆后，可摧毁庄稼、各种建筑设施等，造成人民生命和财产的巨大损失。

当龙卷风出现时，一般伴有雷雨和冰雹，它与一般大风的区别是中心气压低、风力大，破坏力大。龙卷风的水平范围很小，直径从几十米到几百米，最大为 1 000 米左右，发生至消散的时间很短，持续时间一般也仅有几分钟，最长不超过几十分钟，影响的面积也较小，但却可以造成庄稼、树木瞬间被毁，交通、通信中断，房屋倒塌，人畜伤亡等重大损失。

二、防灾与减灾对策

1. 台风来临之前的防灾措施

（1）不要下海游泳。

（2）请尽可能远离建筑工地。

（3）检查家中门窗阳台是否稳固。

（4）随时收听广播，注意气象变化及台风动向，做好防灾抗灾准备。

（5）远离危房、危墙、广告牌、电线杆等易造成倒塌的地方。

（6）应准备好手电筒、收音机、食物、饮用水及常用药品等，同时检查电路，注意炉火、煤气，防范火灾。

（7）将养在室外的动植物及其他物品移至室内，特别是要将楼顶的杂物搬到安全的地方。

（8）海上作业船只要及时回港、固锚，船上的人员必须上岸避风。

2. 台风期间的防范措施

（1）减少外出，如果一定要出行，建议不要自己开车，可以选择坐火车。

（2）不要在大树下躲雨或停留。

（3）强风突然来袭躲避不及，应迅速到安全区待援或拨打110求助。

（4）及时清理排水管道，保持排水畅通。

（5）船舶在航行中遭遇台风袭击，应主动采取应急措施，及时与岸上有关部门联系，弄清船只与台风的相对位置。

（6）强台风过后不久，一定要在房子里或原先的藏身处待着不动。因为台风的“风眼”在上空掠过后，地面会风平浪静一段时间，但绝不能以为风暴已经结束。

3. 台风之后的减灾措施

（1）受伤后不要盲目自救，请拨打120。

（2）外出时要当心断落的电线、损坏的路基、积水的洼地、暴涨的河水、半倒的树木。

（3）灾后需要注意环境卫生与食物、水的消毒工作。

4. 龙卷风来临时的防范措施

（1）在家时，务必远离门、窗和房屋的外围墙壁，躲到与龙卷风方向相反的墙壁或小房间内抱头蹲下。躲避龙卷风最安全的地方是地下室或半地下室。

（2）在电杆倾倒、房屋垮塌的紧急情况下，应及时切断电源，以防止电击人体或引起火灾。

(3) 在野外遇龙卷风时，应就近寻找低洼地伏于地面，但要远离大树、电杆，以免被砸、被压和触电。

(4) 汽车外出遇到龙卷风时，千万不能开车躲避，也不要在汽车中躲避，因为汽车对龙卷风几乎没有防御能力，应立即离开汽车，到低洼地躲避。

(5) 注意收听、收看当地气象部门发布的天气预报及预警信息。

(6) 在野外要远离龙卷风的路径范围，遭受龙卷风时可以扑倒在地，要远离大树，以免被砸伤，寻找与龙卷风来向相反的方向躲避。

加强台风或者龙卷风的监测和预报，是减轻风灾灾害的重要的措施。利用气象卫星资料，可以确定台风或者龙卷风中心的位置，估计台风或者龙卷风强度，监测台风或者龙卷风移动方向和速度，以及狂风暴雨出现的地区等，对防止和减轻台风或者龙卷风灾害起着关键作用。当台风或者龙卷风到达近海时，还可用雷达监测台风或者龙卷风动向。建立城市的预警系统，提高应急能力，建立应急响应机制。

第二节　沙尘暴

沙尘暴是沙暴和尘暴两者兼有的总称，是指强风把地面大量沙尘物质吹起并卷入空中，使空气特别混浊，水平能见度小于 100 米的严重风沙天气现象。其中沙暴系指大风把大量沙粒吹入近地层所形成的挟沙风暴；尘暴则是大风把大量尘埃及其他细粒物质卷入高空所形成的风暴。沙尘天气过程分为 4 类：浮尘天气过程、扬沙天气过程、沙尘暴天气过程和强沙尘暴天气过程。

沙尘暴预警信号分为二级，分别以蓝色、黄色表示。

蓝色预警：预计未来24小时2个及以上省（自治区、直辖市）大部地区将出现能见度小于1 000米的沙尘暴天气；或者已经出现并可能持续。

黄色预警：预计未来24小时2个及以上省（自治区、直辖市）大部地区将出现能见度小于500米的强沙尘暴天气；或者已经出现并可能持续。

一、危害

沙尘暴天气是我国西北地区和华北北部地区出现的强灾害性天气，可造成房屋倒塌、交通供电受阻或中断、火灾、人畜伤亡等，污染自然环境，破坏作物生长。沙尘暴给国民经济建设和人民生命财产安全造成严重的损失和极大的危害。

沙尘暴危害主要有以下5个方面。①生态环境恶化。②生产生活受影响。③生命财产损失。④影响交通安全（飞机、火车、汽车等交通事故），造成飞机不能正常起飞或降落，使汽车、火车车厢玻璃破损、停运或脱轨。⑤危害人体健康。当人暴露于沙尘天气中时，含有各种有毒化学物质、病菌等的尘土可透过层层防护进入到口、鼻、眼、耳中，可能诱发过敏性疾病、流行病及传染病。

二、防灾与减灾对策

1. 沙尘暴的治理和预防措施

（1）保护环境。加强环境的保护，把环境的保护提到法制的高度上来。

（2）种草植树。种草植树是恢复植被的重要措施；加强防止风沙尘暴的生物防护体系。

（3）示范工程。根据不同地区因地制宜制定防灾、抗灾、救灾规划，积极推广各种减灾技术，并建设一批示范工程，以点带面逐步推广，进一步完善区域综合防御体系。

（4）控制人口。控制人口增长，减轻人为因素对土地的压力，保护好环境。

（5）科普宣传。加强沙尘暴的发生、危害与人类活动有关的科普宣传，使人们认识到所生活的环境一旦破坏，就很难恢复，不仅加剧沙尘暴等自然灾害，还会形成恶性循环，所以人们要自觉地保护自己的生存环境。

2. 沙尘暴来临前的准备措施

（1）关好门窗。在玻璃上贴“米”字形胶布，防止玻璃破碎。

（2）勿在窗下。远离窗口，避免玻璃破碎伤人。

（3）妥收物品。妥善放置易受沙尘暴损坏的室外物品。

（4）谨防溺水。远离河流、湖泊、水池，以免被吹落水中溺水。

3. 出行、躲避注意事项

（1）减少外出。尽量减少外出，外出时戴口罩，用纱布蒙住头，以免沙尘侵害眼睛和呼吸道。不要在广告牌、临时建筑物下逗留、避风。

（2）行车安全。机动车应谨慎驾驶，减速慢行，密切注意路况，保证交通安全。

（3）谨防物体倒塌。在电线杆、房屋倒塌的紧急情况下，应及时切断电源，防止触电或引起火灾。

（4）严防砸伤。在野外遭遇沙尘暴时，应就近寻找低洼地伏于地面，但要远离大树、土墙、电线杆等，以防被砸伤、压伤和触电。

第三章　雪灾的防御与补救措施

第一节　雪　灾

雪灾亦称白灾，是因长时间大量降雪造成大范围积雪成灾的自然灾害现象。它是我国牧区冬春季经常发生的一种畜牧气象灾害，主要是指依靠天然草场放牧的畜牧业地区，由于年降雪量过多和积雪过厚，雪层维持时间长，影响畜牧业正常放牧活动的一种灾害。雪灾同时还严重影响甚至破坏交通、通信、输电线路等生命线工程，对牧民的生命安全和生活造成威胁。雪灾主要发生在稳定积雪地区和不稳定积雪山区，偶尔发生在瞬时积雪地区。我国牧区的雪灾主要发生在内蒙古、新疆、西藏和青海等地区。

暴雪预警信号分四级，分别以蓝色、黄色、橙色、红色表示。

蓝色预警：预计未来 24 小时 2 个及以上省（自治区、直辖市）大部地区将出现 5 毫米以上降雪，且有成片超过 10 毫米的降雪。

黄色预警：过去 24 小时 2 个及以上省（自治区、直辖市）大部地区出现 5 毫米以上降雪，预计未来 24 小时上述地区仍将出现 5 毫米以上降雪；或者预计未来 24 小时 2 个及以上省（自治区、直辖市）大部地区将出现 10 毫米以上降雪。

橙色预警：过去 24 小时 2 个及以上省（自治区、直辖市）大部地区出现 10 毫米以上降雪，预计未来 24 小时上述地区仍将出现 5 毫米以上降雪；或者预计未来 24 小时 2 个及以上省（自治区、直辖市）大部地区将出现 15 毫米以上降雪。

红色预警：过去 24 小时 2 个及以上省（自治区、直辖市）大部地区出现 25 毫米以上降雪，预计未来 24 小时上述地区仍将出现 10 毫米以上降雪。

一、危害

雪灾对畜牧业的危害主要是积雪掩盖草场，且超过一定深度，有的积雪虽不深，但密度较大，或者雪面覆冰形成冰壳，牲畜难以扒开雪层吃草，造成饥饿，有时冰壳还易划破羊和马的蹄腕，造成冻伤，致使牲畜瘦弱，常常造成牲畜流产，仔畜成活率低，老弱幼畜饥寒交迫，死亡增多。

雪灾影响交通、通信、输电线路等生命线工程。大雪常伴随低温，造成道路冻雪或形成积冰，容易发生交通事故。同时雪灾还会影响到居民的日常生产生活和身体健康，影响供暖、供电系统，严重时还会造成农作物受损、房屋倒塌等。

二、防灾与减灾对策

1. 农牧业生产的防雪灾措施

（1）防御冻害。要及早采取有效防冻措施，抵御强低温对越冬作物的侵袭，特别是要防止持续低温对旺苗、弱苗的危害；牧区要备好粮草，将野外牲畜赶到圈里喂养。

（2）加强管理。加强对大棚蔬菜和在地越冬蔬菜的管理，防止连阴雨雪、低温天气的危害，雪后应及时清除大棚上的积雪，既减轻塑料薄膜压力，又有利于增温透光。要做好大棚的防风加固，并注意棚内的保温、增温，减少蔬菜病害的发生。

（3）排涝防虫。要趁雨雪间隙及时做好“三沟”的清理工作，降湿排涝，以防连阴雨雪天气造成田间长期积水，影响蔬菜根系生长发育；做好病虫害的防治工作。

（4）覆土保苗。及时给蔬菜盖土，提高其御寒能力，若能用猪牛粪等有机肥覆盖，保苗越冬效果更好。

2. 雪灾发生后注意事项

（1）减少外出。尽量待在室内，不要外出，及时取消或者调整出行计划。

（2）防砸防滑。如果在室外，要远离广告牌、临时搭建物和老树，避免砸伤；路过桥下、屋檐等处时，要小心观察或绕道通过，以免因冰凌融化脱落伤人；行人上路时应该选择防滑性能较好的鞋，勿穿高跟鞋或硬塑料底的鞋；尽量避免骑自行车外出。

（3）减速慢行。非机动车在冰雪路面上行驶时应给轮胎少量放气，以增加轮胎与路面的摩擦力；机动车起步或行驶过程中禁止猛抬离合器和急加速，应稳定油门匀速驾驶，避免猛打方向盘，控制车速不要太快，车辆须减速时应采用换低挡的方法，充分使用发动机制动，必要时要安装防滑链，驾驶员应佩戴色镜。

（4）报警求助。若被积雪围困，应尽快拨打 110、119 等报警求助电话；如果发生断电事故，要及时报告电力部门迅速处理。

（5）收听天气预报。了解暴雪的最新预报、预警信息，防寒保暖，注意安全。同时应对雪灾必须特别注重膳食营养，储备足够的食物、水、燃料及防冻药物等；山区、林区等边远山区的居民尤其要提前做好准备，以防大雪封山、封路。

雪灾的防灾与减灾对策要加强科学研究，依靠科学技术手段防灾减灾，科学认识雪灾，合理利用草原资源；强化雪灾意识，提高牧业商品率；严格执法，实现依法减灾；加快草原牧场建设步伐，缓解畜草矛盾。

第二节　寒　潮

寒潮是冬季的一种灾害性天气，群众习惯把寒潮称为寒流。所谓寒潮，就是北方的冷空气大规模地向南侵袭我国，造成大范围急剧降温和偏北大风的天气过程。寒潮一般多发生在秋末、冬季、初春时节。

寒潮预警信号分三级，分别以蓝色、黄色、橙色表示。

蓝色预警：预计未来48小时2个及以上省（自治区、直辖市）大部地区平均气温或最低气温下降10℃以上并伴有5级及以上大风，长江流域及其以北一半以上地区平均气温或最低气温将下降8℃以上，冬季长江中下游地区（春、秋季江淮地区）最低气温降至4℃以下。

黄色预警：预计未来48小时2个及以上省（自治区、直辖市）大部地区平均气温或最低气温下降12℃以上并伴有5级及以上大风，长江流域及其以北一半以上地区平均气温或最低气温将下降10℃以上，冬季长江中下游地区（春、秋季江淮地区）最低气温降至4℃以下。

橙色预警：预计未来48小时2个及以上省（自治区、直辖市）大部地区平均气温或最低气温下降16℃以上并伴有6级及以上大风，长江流域及其以北一半以上地区平均气温或最低气温将下降12℃以上，冬季长江中下游地区（春、秋季江淮地区）最低气温降至4℃、局地降至2℃以下。

一、危害

寒潮是一种大型天气过程，会造成沿途大范围的剧烈降温、大风和雨雪天气，由寒潮引发的大风、霜冻、雪灾、雨凇等灾害对农业、交通、电力、航海以及人们健康都有很大的影响。大风降温天气容易引发感冒、气管炎、冠心病、肺心病、中风、哮喘、心肌梗塞等疾病，有时还会使患者的病情加重。

二、防灾与减灾对策

（1）防寒保暖。当气温发生骤降时，要注意添衣保暖，特别是要注意手、脸的保暖。

（2）加固设施。关好门窗，固紧室外搭建物。

（3）注意安全。外出当心路滑跌倒，有寒潮大风来临时，应特别注意交通安全。

（4）老弱慎动。老弱病者，特别是心血管患者、哮喘患者等对气温变化敏感的人群尽量不要外出。

（5）严防煤气中毒。提防煤气中毒，尤其是采用煤炉取暖的家庭更要提防。

（6）提前防御。高度重视，及时做好各项防御工作，应加强天气预报，提前发布准确的寒潮消息或警报。

（7）及时返航。发布准确的寒潮消息或警报，使海上船舶及时返航。

（8）作物防冻。采取措施，确保农牧业生产安全，事先对农作物、畜群等做好防寒准备。我国广大农民对寒潮、霜冻的防御积累了丰富的经验，如在霜冻发生前，采取熏烟、灌水、覆盖等方法，提高农田的空气温度和土壤温度，以减轻霜冻对农作物的危害。

第三节　道路结冰

道路结冰分为两种情况，一种是降雪后立即冻结在路面上形成道路结冰；另一种是在积雪融化后，由于气温降低而在路面上结冰。

一、危害

道路结冰主要危害有：致使车轮与路面摩擦力大大减弱，导致车辆打滑或刹车失灵，引起交通事故，阻塞交通运行；造成行人滑倒、摔伤等；水路航道受阻；养殖业也受冻害。

二、防灾与减灾对策

道路结冰的防灾与减灾主要有以下 6 项措施。

（1）撒盐防冰。发现道路温度接近 0℃时，及时将盐均匀地撒在路面上。

（2）清除积雪。路面积雪，及时清扫或在道路上撒上融雪剂。

（3）设立标志。发生事故时，设置标志，以防事故再次发生。

（4）减速慢行。驾车行驶时，采取必要的防滑措施，减速慢行。

（5）注意防滑。行人出门，注意防滑，同时尽量减少外出机会。

（6）老弱者慎出门。嘱咐老人不要在有结冰的地方散步或锻炼身体。如道路结冰路滑跌倒，易导致扭伤或碰伤，这时应去医院治疗；如果有出血现象，应立即用比较清洁的布类包扎伤口止血；如果造成骨折，若无专业救护知识，不要随意移动伤者，立即拨打 120 与医院联系请求救护，同时注意伤者的保暖。

第四章　洪涝灾害的防御与补救措施

第一节　洪涝形成的原因及危害

一、洪涝形成的原因

洪涝灾害是我国农村常见的气象灾害，又分为洪灾与涝灾两类。洪灾指由于河流的洪峰冲击或山洪暴发，对两岸或下游农田、房屋建筑和人民生命财产所造成的威胁和损害，涝灾则指由于洪水经过或持续多雨等原因使农田较长时间积水而造成的作物死苗或减产。

1. 洪涝灾害发生的自然原因

造成洪涝灾害的自然原因有气象、水文、海洋和地貌等。气象原因主要是特大暴雨或长时间的持续降雨或高山大量融雪都有可能使河流和湖泊的水位异常升高形成洪峰，冲击堤坝和两岸。水文原因常常与气象原因密切相关，但有时本地区降雨并不多，上游大量降雨形成的洪峰转移到本地区，也有可能造成堤坝溃决和泛滥成灾。地势低洼，排水不畅的地区容易积水成涝。台风暴雨引发上游洪水，可使沿海发生严重的洪涝灾害。山区由于地形陡峭，雨水容易沿沟谷聚集下泄形成山洪。高寒地区在春夏升温迅速，积雪大量融化时，只要一场不大的雨就可引发雪水大量下泄形成洪水。地震有时也造成水库垮坝，或引发山区的崩塌与滑坡，堵塞河流形成堰塞湖，一旦溃决，会形成严重的地震次生灾害。

2. 洪涝灾害发生的人为原因

除自然原因外，日益加剧的洪涝灾害与人为因素密不可分。由于人口膨胀，人地矛盾加剧，不断向森林、湖河争地。滥伐森林破坏植被，减弱了森林拦蓄雨水和调节气候的功能；陡坡开荒造成严重的水土流失，使河床与湖泊淤积，甚至像黄河那样成为悬河，极大增加了溃决泛滥的风险。围湖造田更是人为缩小了湖泊的调蓄功能。生态系统的破坏是导致许多地区洪涝灾害加重的根本原因。

水利工程是防御洪涝灾害的有效措施。但修建质量不高或年久失修也会加剧洪涝灾害。特别是水库大坝一旦溃决将是灭顶之灾，比一般的洪水更加可怕。

在发生特大洪水时，为保全大城市和重要经济目标，有时需要按照有关规定和预案，有步骤地淹没部分预留的蓄洪区，以确保大部分人口密集和经济发达地区的安全，政府会事先通知并组织当地居民安全撤离，并对蓄洪区的农村居民给予足额经济补偿。这种做法虽然人为造成了蓄洪区的严重洪涝，但却是顾全大局的必要措施。

二、洪涝的危害

1. 洪涝对农村建筑设施的危害

农村大多数民房的屋内外地面高度相差无几，下大雨时积水容易漫进屋里。传统的农村住宅大多是农民自己筹资修建，多为土木结构和砖木结构。尤其是土坯房很不结实，在洪水冲击或积水浸泡下容易垮塌。即使是砖房，由于地基浅、墙壁厚度不够、很少使用钢筋混凝土，也难以抵挡凶猛的洪水。因此，几乎每场洪水都有大量民房被损毁。西北干旱地区由于很少下雨，当地农村和小城镇的房屋以土坯房为主。

乡镇企业的厂房、农村的畜舍和塑料大棚结构更加简单，更经不住洪水的冲击。大的洪水和山洪还常常使水库、堤坝、水闸、渠系等水利设施受到破坏。

2. 洪涝对村民人身安全的威胁

许多易涝地区的农村缺乏避洪场所，洪水到来只能爬上自家房顶或树上躲避，一旦房屋或树木被冲倒，人就会被洪水卷走。山区发生山洪时的危险更大，山洪和泥石流往往短短几分钟内就可冲毁或埋没整个村庄，人畜瞬间被冲得无影无踪，死无葬身之地。洪水对生态环境的破坏和造成污染物的扩散蔓延，特别是水源地的污染，往往造成大洪灾之后的大疫，严重威胁灾民的健康。

洪水在淹没和冲击室内的电闸、电器和电线后，很容易发生触电事故。

3. 洪涝对农村经济的影响

农村经济主要依赖农业和乡镇企业。洪水冲毁农田及农作物，冲走池塘养鱼，冲走和淹死畜禽，淹没厂房和公路，使农民失去收入来源。洪水冲走屋内物品，使得灾民一无所有。洪涝造成受灾地区的交通长时间中断，严重影响农产品运输和销售，还影响农业生产资料的及时供应。因此，洪灾过后会有许多农民致贫、返贫，有些地区甚至几年之内也难以恢复到灾前的生产水平。

4. 洪涝对生态环境的破坏

洪涝灾害冲毁田地、森林，破坏植被，造成水土流失。江河泛滥造成的洪灾会在土地上覆盖厚厚的泥沙，给农业生产的恢复带来困难。海潮洪水带来的海水含有大量盐分，使土地盐渍化。洪水期间粪池漫溢，死亡畜禽和各种污物随水流动，使水源受到严重污染，土壤中的病菌也被洪水携带散布。特大洪涝如黄河决口形成的泛滥区由于大量泥沙淤积，使当地的生态环境完全改观，甚至根本无法恢复。

第二节　洪涝的预防措施

一、防洪工程建筑

农村防洪工程和设施包括水库、池塘等拦蓄工程、河流堤坝等阻水工程及水闸、水泵、排水沟等泄水、排水设施。

进入汛期后水库要根据汛情及时调节蓄水量，如预报将有暴雨或上游将有洪峰下泄，应及时开闸泄洪腾出库容以接纳洪水。平时要经常检查水库大坝和水闸，及时检修排除隐患。村边的池塘兼有蓄洪、灌溉和养殖等多项功能，村民应自觉维护，严禁倾倒渣土或垃圾，并及时修复损坏的塘沿。

沿河村镇在汛期要组织专门队伍巡视大堤，严防破坏，发现隐患及时修补。平时严禁从大堤取土。汛前要在堤旁堆积加固所需土和沙石，并库存足够的编织袋和铁锹、推土小车等工具以备应急之需。

雨季之前要及时疏通排水沟渠，清除阻水的杂草和淤泥，并适当挖深挖宽。贮存足够数量的水泵，以便发生内涝时能够及时抽出农田积水和沿排水沟下泄。

村镇防洪工程和设施应在当地水利技术人员指导下维护和检修，不得擅自改动和挪用。

二、保持水土

水土保持就是为了防治水土流失，保护、改良与合理利川山丘区、丘陵区和风沙区水土资源、维护和提高土地生产力，以利于充分发挥水土资源的经济效益与社会效益，建立良好的生态环境的综合性科学技术。

根据兴修目的及其应用条件，水土保持工程可以分为山坡防护工程、山沟治理工程、山洪排导工程和小型蓄水用水工程。在规划布设小流域综合治理措施时，不仅应当考虑水土保持工程措施与生物措施、农业耕作措施之间的合理配置，而且要求全面分析坡面工程、沟道工程、山洪排导工程及小型蓄水用水工程之间的相互联系，工程与生物相结合，实行坡沟兼治，上下游治理相配合的原则。

为了有效地防治山丘区及风沙区的水土流失，保护、改良与合理利用水土资源，在确定水土保持综合治理措施时，要求遵循以下 7 项原则。

（1）把防止与调节地表径流放在首位，为此应设法提高土壤透水性以及持水的能力，在斜坡上建造拦蓄径流或安全排导的小地形利用植被调节，吸收或分散径流，减少径流的侵蚀能力。

（2）提高土壤的抗蚀能力，应当采用整地、增施有机肥、种植根系固土作用强的植物，施用土壤聚合物。

（3）提高植被的防护作用，营造水土保持林，调节径流、防止侵蚀作用。

（4）在已遭受侵蚀的土地上防止水土流失，必须注意辅以改良土壤特性、提高土壤肥力的措施、把保持土地与改良土壤结合起来。

（5）采用综合治理措施防治水土流失，综合治理措施包括水土保持农业措施、水土保持林草措施和水土保持工程措施。

（6）因地制宜。针对不同的水土流失类型区的自然条件制定不同的综合治理措施体系。因地制宜是水土保持措施设计的科学基础。

(7) 生态经济效益最优的原则。在设计水土保持综合治理措施体系过程中，应当提出多种方案，选用生态经济效益最优的方案。在确定水土保持综合治理方案中，全面估计方案实施后的生态效果，预测水土保持措施对成土作用以及自然环境因素的影响。

第三节　洪涝时的扑救

一、洪涝多发地区的村民备灾

根据当地电视、广播等媒体提供的洪水信息，结合自己所处的位置和条件，冷静地判断可能发生的情况。

(1) 如不需撤离，为防止洪水涌入室内，可用装满沙子、泥土和碎石的沙袋堵住大门下面的所有空隙。如预料洪水还要上涨，窗台外也要堆上沙袋。

(2) 如洪水来势凶猛需要撤离时，要做好以下准备工作：①选择最佳撤离路线和目的地，提前认清或设置路标，避免慌乱走错路。②备足速食食品或蒸煮足够的食品、足够的饮用水和日用品。如离撤离还有几天，应事先在避洪处储备一些食物、饮用水、保暖衣物和烧水用具。③将不便携带的贵重物品作防水捆扎后埋入地下或放到高处，票款、首饰等小件贵重物品可缝在衣服内随身携带。④保存好尚能使用的通信设备。⑤做好逃生的准备，制作简易救生器材，收集食物和发信号用具。

二、避洪转移安置地和路线的选择

首先要观察所在地区的地形，转移路线和目的地都必须避开洪水可能经过的谷地、旧河床和低地。水深达到一米到几米的洪水，可在原地选择两层以上，地基和结构比较坚固的楼房，如学校、旅馆、机关办公楼等避险。如附近有地势较高的岗地、阶地或小丘，可搭建能够遮雨挡风的棚舍，如有山洞利用更好。对于范围较大的滞洪区，由于人数较多和距离较远，更需要提前和精心的准备。一旦做出转移安置的决策，要立即派人勘察最优转移路线，清除妨碍交通的障碍物，组织专人维持交通秩序，确保迅速有序地撤离。撤离前要做好人员的组织，按村民小组编队，每队有人负责。提前准备好交通工具，优先安排老幼弱病残者乘车先行撤离，并有专人沿路照顾。撤离前要对不能带走的资产进行妥善处理，有的搬运到相对高处，有的装入塑料袋密封后堆放在比较坚固的房屋内，有的要埋入地下。现金、存折、证件和轻便的生活必需品随身带走。村干部和青壮年志愿者在全面检查，确认已全部撤离后，再最后撤离。

三、洪水到来时的应急自救和逃生

(1) 洪水到来时来不及转移的人员，要就近迅速向山坡、岗地、楼房、避洪台等地转移，或者立即爬上屋顶，楼房高层，大树，高墙等高的地方暂避。但千万不要停留在土坯房顶，这种土坯房一旦基部被水浸泡会很快垮塌。

(2) 如洪水继续上涨，暂避处已难自保，要充分利用周围可利用的一切救生器材，如桌椅、木料、木盆、木箱、轮胎；大块的泡沫塑料等能漂浮的材料，如有时间可利用门板和木床扎成简易木筏设法逃生。

(3) 被洪水包围时，要设法尽快与当地政府防汛部门取得联系，报告自己的方位和险情，积极寻求救援。在发现附近有救援人员、救生船或有飞机搜寻被困人员时，要利用各种方法向外发出求救信号。白天可挥舞颜色鲜艳的纱巾和衣服，以红色和黄色的效果最佳。有飞机搜寻时，可在被困岗地用石块摆成大的 SOS 图形。夜间可用手电与火柴发光引起对方注意。在搜救人员距离自己不太远时，可大声呼救或敲打金属器皿发出响声。

（4）如已被洪水卷走，首先要保持镇静，注意观察周围水情，尽量找到和抓住任何具有浮力的物质以防止身体下沉，尽量向与水流垂直的方向游去。如水流很急无法摆脱，要注意节省体力，保持身体平仰或平卧先顺流下漂，在流速趋缓时奋力游向两岸或遇到树干或木杆时抓住摆脱。在漂流时要注意躲开注漩涡，如已接近漩涡边缘，要奋力向漩涡离心方向游去设法摆脱。

四、对被困人员的应急救援

有条件的地方可以出动冲锋舟或直升机解救被困群众。徒手救援时，救援者应首先保证自己的位置足够安全，然后向被困者抛出绳索，待被困者将绳索在身上系牢后将其拉过来。救援者不要轻易下水游泳，因为洪水的水流湍急，水中有暗流和漩涡，很容易将人卷走。必须游向被困者救助时，救援者必须会游泳并尽量使用救生器材，被困人员如有木板、木盆、轮胎等能利用最好。

五、洪涝次生灾害的防御和应急处置

出现洪水退落迹象时切不可麻痹大意，这期间最容易引发堤坝溃决、坍塌和滑坡、泥石流等次生灾害。因为堤围在高水位浸泡时间长，堤体土质变松软，容易出现渗水和管涌险情，尤其是退水加快时，堤围局部崩塌、渗水和管涌的风险度将随着水流冲刷力加大而增加。水库设施在拦洪泄洪过程中可能受损，水库水位暴涨暴落还容易引起坝体滑动。值得特别注意的是退水期间也是山体滑坡、泥石流和危房倒塌的高发期。一些质量较差的房屋在洪水期间经过长时间浸泡，水退之后突然风干，很容易引起倒塌。长时间下雨之后，山体土质松软含水量大，随着雨后人为活动的增多，很容易发生滑坡和泥石流。应加倍提高警惕，加大巡查力度和密度，说服村民不要过早回屋居住。

第四节　恢复生产生活的重建家园

一、洪涝中的临时安置

除统一安排的临时安置点外，还可以采取国家扶持与灾民自救的办法，投亲靠友、借住或租房、修建简易房屋和搭建帐篷。

二、灾民的管理与救济

首先要解决灾民的吃饭和饮水问题。洪水过后，灾区环境受到严重破坏，水源被污染，粪便和脏物到处沉淀，要尽快修复饮水设施。如一时找不到新的清洁水源，作为临时措施可用砂石、煤渣和木炭为滤材修建小型过滤池，将滤出的水煮沸后饮用。在救援食物到来之前，要节约使用现有食物，同时挖掘周围的食物资源，如未收获作物、仍可利用的水浸粮食、野菜、野果等。尽快与上级联系，筹集救灾粮食和食物，及时调运和发放，确保灾民有饭吃，有干净水喝。其次要通过政府救助和发动社会捐助筹集衣服和棉被及时发放。做好因灾死亡人员的善后与家属安抚工作，救济资金与物资的发放要做到公开、公平和公正。

三、洪水过后的重建家园

首先尽快恢复村里的清洁水源和供电系统，对洪水冲刷过的房屋建筑要进行安全性评估。还能居住的房屋要在清除淤泥和污物后适当维修。已毁坏房屋的根据情况，分别采取修复加固或破拆重建。完全倒塌甚至冲毁无法修复的，由民政部门发放重建补助金或按照统一规划修建新房。对集中连片倒房的重灾村，要结合新农村建设，由国土、规划、建设、民政等部门进行新村选址和规划。经济发达地区要对欠发达地区对口援建。在新房建成前要先建设一批临时安置房供过渡期间居住，村镇和农舍的重建要吸取洪灾的教训，避开危险地段，选择地势较高的安全地段，改进房屋结构的设计。对村镇的道路、公共场所和公共建筑物，以及废弃物处理设施都要统一规划，提高防灾安全标准。

四、洪水过后的恢复生产

（1）切实加强灾后田间管理。及时清沟排涝，扶苗护苗，适当补肥，促进作物恢复生机。受灾果园要及时清除杂物，扶正树体和培土增肥，及时修剪，采收尚能利用的果实。

（2）抓好改种补种，减少灾害损失。水淹或冲毁稻田及时补种改种旱粮，做到不空田、不荒田。利用山坡地、边杂地扩种套种增加总产。引导菜农生产快速叶菜供应市场。

（3）加强灾后病虫害防治。

（4）加强动物疫病防控，尽快恢复畜牧业生产。

（5）加强组织协调，确保灾后疫苗、种子（苗）、农机等及时到位。

五、洪水过后的防疫与环境整治

洪水带有农田、畜舍或泥土中各种病原体，还有人和动物粪尿等排泄物的污染。未经彻底消毒饮用会受到传染。洪水过后其他途径传播的传染病也要预防，如死亡畜禽和各种污物随水漂流，人接触疫水后病菌容易穿透皮肤黏膜侵入人体，轻者症状如流感、腹泻，重者有黄疸出血，南方还有被血吸虫等寄生虫感染的可能。所以，要做好各项卫生防疫工作，预防疫病的流行。

2004 年孟加拉国洪水后，超过 1.7 万个病例出现腹泻症状。2001 年中国台湾的 Nali 台风，2000 年印度孟买的洪水，1998 年阿根廷的洪水，灾难过后都伴随着疫病的暴发。1998 年我国的长江流域特大洪水过后，个别村庄也有灾民发生血吸虫传染的案例。

六、洪灾保险

洪灾保险是专门针对洪水灾害实行的保险。为配合洪泛区管理，限制洪泛区的不合理开发，减少洪灾对社会经济的不利影响，对居住在洪泛区的居民、社团、企业、事业单位等实行的一种保险制度，属防洪非工程措施之一。一般有自愿保险和强制保险两种形式，后者更有利于限制洪泛区的不合理开发。凡参加洪水保险者，按照规定的保险费率，定期向保险公司交纳保险费，保险公司将保险金集中起来建立保险基金。当投保单位或个人的财产遭受洪水淹没损失后，保险机构将按照保险条例对受灾农户或企业进行赔偿。

第五章　地震灾害的防御与补救措施

地震是地球内部缓慢积累的能量突然释放而引起的地球表层的快速振动。一般分为构造地震、火山地震和陷落地震。

我国之所以成为世界上地震最严重的地区，与我国地处环太平洋构造带与地中海喜马拉雅构造带交汇部位、地壳现代活动剧烈有关。除浙江、贵州两省外，各省都发生过 6 级以上地震。地震释放的能量大小用震级表示，每相差 1 级，释放的能量相差 30 倍。地震时地面及房屋等建筑物受到地震破坏的程度称为地震烈度，我国采用 12 个等级的地震烈度表示方法。

1 度：无感——仅仪器能记录到。

2 度：微有感——个别敏感的人在完全静止中有感。

3 度：少有感——室内少数人在静止中有感，悬挂物轻微摆动。

4 度：多有感——室内大多数人，室外少数人有感，悬挂物摆动，不稳器皿作响。

5 度：惊醒——室外大多数人有感，家畜不宁，门窗发出响声，墙壁表面出现裂纹。

6 度：惊慌——人站立不稳，家畜外逃，器皿翻落，简陋棚舍损坏，陡坎滑坡。

7 度：房屋损坏——房屋轻微损坏，牌坊、烟囱损坏，地表出现裂缝及喷沙冒水。

8 度：建筑物破坏——房屋多有损坏，少数破坏路基或堡坎、山体塌方，地下管道破裂。

9 度：建筑物普遍破坏——房屋大多数破坏，少数倾倒，牌坊，烟囱等崩塌，铁轨弯曲。

10 度：建筑物普遍摧毁——房屋倾倒，道路毁坏，山石大量崩塌，水面大浪扑岸。

11 度：毁灭——房屋大量倒塌，路基堤岸大段崩毁，地表产生很大变化。

12 度：山川易景——一切建筑物普遍毁坏，地形剧烈变化，动植物遭毁灭。

第一节 危 害

（一）地震所造成的直接灾害

（1）建筑物与构筑物的破坏，如房屋倒塌、桥梁断落、水坝开裂、铁轨变形等。

（2）导致人员伤亡、经济损失、生态与环境破坏。

（3）地面破坏，如地面裂缝、塌陷、喷水冒沙等。

（4）山体等自然物的破坏，如山崩、滑坡等。

（5）海啸、海底地震引起的巨大海浪冲上海岸，造成沿海地区的破坏。

（6）在有些大地震中，还有地光烧伤人畜的现象。

（二）地震引起的次生灾害

（1）火灾，由震后火源失控引起。

（2）水灾，由水坝决口或山崩壅塞河道等引起。

（3）毒气泄漏，由建筑物或相关装置破坏等引起。

（4）瘟疫，由震后生存环境的严重破坏所引起。

第二节　防灾与减灾对策

1. 地震前预防措施

（1）加固房屋。平时要检查和加固住房，对不利于抗震的房屋要加固，不易加固的危房要拆除。

（2）合理置物。合理放置家具、物品，固定好高大家具，防止倾倒砸人，牢固的家具下面要腾空，以备地震时藏身。家具物品摆放要坚持“重在下，轻在上”的原则，墙上的悬挂物要固定，防止掉下伤人。

（3）熟悉地形。熟悉社区及周边的避难场所与逃生路线。

2. 地震中避震措施

（1）高楼避震。选择承重墙多、开间小的厨房、卫生间等躲避；注意避开墙体的薄弱部位，如门窗附近等；不要乘坐或躲到电梯里；不要跟随人群向楼下拥挤逃生；不要盲目跳楼逃生。

（2）平房避震。能跑就跑，能躲就躲；如果正处于门边，可立刻跑到院子或者周边公园等的空地上；如果来不及跑，就赶快躲在结实的桌子旁，床旁或者蹲在紧挨墙根的坚固的家具旁，并用毛巾或者衣物捂住口鼻防尘、防烟；尽量利用身边物品保护头部，比如棉被、枕头等。

（3）室外避震。远离烟囱、水塔、高大树木等，特别是有玻璃幕墙的建筑物；躲开变压器、高压线、电线杆、路灯、广告牌等高处危险物；远离老房子、危房、围墙、堆得很高的建筑材料等容易倒塌的危险物；选择开阔的地方，蹲下或趴下，不要乱跑。震后不要轻易返回室内，在行驶的电（汽）车内要抓牢扶手，以免摔倒或碰伤，同时要降低重心，躲在座位附近，地震过去后再下车。

3. 地震后救援措施

(1) 自救脱险。如果被埋压，一定要坚信有人前来救援，如果多人被埋压，应相互鼓励；应保证一定的呼吸空间，如有可能，用毛巾捂住口鼻，避免灰尘呛闷发生窒息；尽量节省力气，用敲击的方法呼救，同时注意外边动静，伺机呼救；尽量寻找水和食物，创造生存条件，耐心等待救援。

(2) 搜救原则。学校、饭店、医院等人员密集的地方是营救的重点；地震发生后，应积极参与救助工作，可将耳朵靠墙，听听是否有幸存者声音；使伤者先暴露头部，保持呼吸畅通，如有窒息，立即进行人工呼吸；一旦被埋压，要设法避开身体上方不结实的倒塌物，并设法用砖石、木棍等支撑残垣断壁，加固环境；地震是一瞬间发生的，任何人都应先保存自己，再展开先易后难、先近后远的救助工作。

(3) 及时医治。对挖掘出的伤员进行人工呼吸、包扎、止血、镇痛等急救措施后，迅速送往医院。

(4) 防止疫情发生。预防余震及次生灾害发生，加强卫生防疫工作，同时注意灾后心理疏导。

地震灾后，要正确认识国内外当前地震预报的实际水平，听政府部门的预报，勿信谣言。平时应多学习地震常识，消除恐震心理。提高城镇防灾力和防灾水平，如城镇整体规划、建筑结构、开发防灾新技术新方法、提高防灾意识等。

第三节　地质灾害的防御与补救措施

地质灾害是指在自然或者人为因素的作用下形成的，对人类生命财产、环境资源造成破坏和损失的地质作用（现象）。如崩塌、滑坡、泥石流、地裂缝、水土流失、土地沙漠化及沼泽化、土壤盐碱化等。

我国根据地质灾害人员伤亡、经济损失的大小，分为特大型、大型、中型和小型 4 个等级，根据 2004 年国务院颁发的《地质灾害防治条例》的规定，实施灾情速报制度。

第四节 崩 塌

崩塌是指陡斜坡上的岩体或土体在重力作用下突然脱离山体发生崩落、滚动、堆积在坡脚或沟谷的地质现象。崩塌又称为崩落、垮塌或者塌方。

一、危害

崩塌会使建筑物，有时甚至使整个居民点遭到毁坏，使公路和铁路被掩埋。由崩塌带来的损失，不单是建筑物毁坏的直接损失，并且常因此而使交通中断，给运输带来重大损失。崩塌有时还会使河流堵塞形成堰塞湖，这样就会将上游建筑物及农田淹没，在宽河谷中，由于崩塌能使河流改道及改变河流性质，而造成急湍地段。

二、防灾与减灾对策

崩塌发生前可能会出现以下征兆：崩塌处的裂缝逐渐扩大，危岩体的前缘有掉块、坠落现象，小崩小塌不断发生；坡顶出现新的破裂形迹，嗅到异常气味；不断偶闻岩石的撕裂摩擦错碎声；出现热、氡气、地下水质、水量等异常。

崩塌发生时，如果身处崩塌影响范围外，一定要绕行；如果处于崩塌体下方，只能迅速向两边逃生，越快越好；如果感觉到地面震动，也应立即向两侧稳定地区逃离。

崩塌应急抢险主要有以下 7 项措施。

（1）遮挡。即遮挡斜坡上部的崩塌物。

（2）拦截。对于仅在雨后才有坠石、剥落和小型崩塌的地段，可在坡脚或半坡上设置拦截构筑物。

（3）支挡。采用支柱、支挡墙或者钢质材料支撑在危岩下面，并辅以钢索拉固。

（4）护墙、护坡。在易风化剥落的边坡地段，修建护墙，对缓坡进行水泥护坡等。一般边坡均可采用。

（5）填补沟缝。对坡体中的裂隙、缝、空洞，可用片石填补空洞，用水泥沙浆填补沟缝等以防止裂隙、缝、洞的进一步发展。

（6）刷坡、削坡。在危石孤石突出的山嘴以及坡体风化破碎的地段，采用刷坡技术放缓边坡。

（7）疏导排地下水。

第五节　滑　坡

滑坡是指斜坡的局部稳定性受破坏，在重力作用下，岩体或其他碎屑沿一个或多个破裂滑动面向下做整体滑动的过程与现象。俗称“走山”“垮山”“地滑”“土溜”等。产生滑坡的主要条件：相应的地质条件和地貌条件；内外应力（动力）和人为作用的影响。

一、危害

滑坡常常给工农业生产以及人民生命财产造成巨大损失，有的甚至是毁灭性的灾难。滑坡对乡村最主要的危害是摧毁农田、房舍，伤害人畜，毁坏森林、道路以及农业机械设施和水利水电设施等，有时甚至给乡村造成毁灭性灾害。位于城镇的滑坡常常掩埋房屋，伤亡人畜，毁坏田地，摧毁工厂、学校、机关单位等，并毁坏各种设施，造成停电、停水、停工，有时甚至毁灭整个城镇。发生在工矿区的滑坡，除引起人员伤亡外，还可摧毁矿山设施，毁坏厂房，使矿山停工停产，常常造成重大损失。

二、防灾与减灾对策

1. 滑坡治理措施

滑坡的防治要贯彻“及早发现，预防为主；查明情况，综合治理；力求根治，不留后患”的原则。滑坡治理应结合边坡失稳的因素和滑坡形成的内外部条件，可以从两大方面着手。

（1）消减危害。消除和减轻地表水和地下水的危害：防止外围地表水进入滑坡区，可在滑坡边界修截水沟；在覆盖层上可用浆砌片石或人造植被铺盖，防止地表水下渗；对于岩质边坡还可用喷混凝土护面或挂钢筋网喷混凝土；利用水平钻孔疏干、垂直孔排水、竖井抽水、隧洞疏干等排除地下水。

（2）工程加固。通过一定的工程技术措施如削坡减载、边坡人工加固，改善边坡岩土体的力学强度，提高其抗滑力，减小滑动力。

2. 滑坡发生时的应对措施

（1）两边撤离。当处在滑坡体上时，首先应保持冷静，不能慌乱。要迅速环顾四周，向较安全的地段撤离。跑离时，向两侧跑为最佳方向。

（2）及时上报。当处于非滑坡区，而发现可疑的滑坡活动时，应立即报告邻近的村、乡、县等有关政府或单位。建立群测群防站等监测滑坡。

（3）灾情变化。政府部门应立即实施应急措施（或计划），迅速组织群众撤离危险区及可能的影响区。并通知邻近的河谷、山沟中的人们做好撤离准备，密切注视灾情的蔓延和转化。

（4）自救互救。积极采取简单的自救互救措施，降低灾害程度，同时严防次生灾害，密切注视其变化动态，“亡羊补牢，犹未为晚”。

第六节　泥石流

泥石流是指在山区或者其他沟谷深壑，地形险峻的地区，因为暴雨或暴雪融化或其他自然灾害引发的山体滑坡并携带有大量泥沙以及石块的特殊洪流。泥石流具有突然性以及流速快，流量大，物质容量大和破坏力强等特点。发生泥石流常常会冲毁公路铁路等交通设施甚至村镇等，造成巨大损失。泥石流的形成需要3个基本条件：有陡峭便于集水集物的适当地形；上游堆积有丰富的松散固体物质；短期内有突然性的大量流水来源。

一、危害

泥石流的主要危害是冲毁或掩埋城镇、工厂、矿山、乡村等的建筑物及其他工程设施，破坏农作物、林木及耕地，并造成人畜伤亡。此外，泥石流有时也会淤塞河道，不但阻断航运，还可能引起水灾。

泥石流常常具有暴发突然、来势凶猛、迅速之特点。并兼有崩塌、滑坡和洪水破坏的双重作用，其危害程度比单一的崩塌、滑坡和洪水的危害更为广泛和严重。它对人类的危害具体表现在4个方面。

（1）对居民点的危害是最常见的危害之一，是冲进乡村、城镇，摧毁房屋、工厂等单位及其他场所的设施，淹没人畜、毁坏土地，甚至造成村毁人亡的灾难。

(2) 对公路和铁路的危害，泥石流可直接埋没车站、铁路、公路，摧毁路基、桥涵等设施，致使交通中断，还可引起正在运行的火车、汽车颠覆，造成重大的人员伤亡事故。有时泥石流汇入河道，引起河道变迁，间接毁坏公路、铁路及其他构筑物，甚至迫使道路改线，造成巨大的经济损失。

(3) 对水利水电工程的危害，主要是冲毁水电站、引水渠道及过沟建筑物，淤埋水电站尾水渠，并淤积水库、磨蚀坝面等。

(4) 对矿山的危害，主要是摧毁矿山及其设施，淤埋矿山坑道、伤害矿山人员、造成停工停产，甚至使矿山报废。

二、防灾与减灾对策

1. 完善工程措施

(1) 跨越工程。它是指修建桥梁、涵洞，从泥石流沟的上方跨越通过，让泥石流在其下方排泄，用以避防泥石流。这是铁道和公路交通部门为了保障交通安全常用的措施。

(2) 穿过工程。它是指修隧道、明硐或渡槽，从泥石流的下方通过，而让泥石流从其上方排泄。这也是铁路和公路通过泥石流地区的又一主要工程形式。

(3) 防护工程。它是指对泥石流地区的桥梁、隧道、路基及泥石流集中的山区变迁型河流的沿河线路或其他主要工程措施，作一定的防护建筑物，用以抵御或消除泥石流对主体建筑物的冲刷、冲击、侧蚀和淤埋等的危害。防护工程主要有：护坡、挡墙、顺坝和丁坝等。

(4) 排导工程。其作用是改善泥石流流势，增大桥梁等建筑物的排泄能力，使泥石流按设计意图顺利排泄。排导工程，包括导流堤、急流槽、束流堤等。

（5）栏挡工程。用以控制泥石流的固体物质和暴雨、洪水径流，削弱泥石流的流量、下泄量和能量，以减少泥石流对下游建筑工程的冲刷、撞击和淤埋等危害的工程措施。拦挡措施有：拦渣坝、储淤场、支挡工程、截洪工程等。对于防治泥石流，常采用多种措施相结合，比用单一措施更为有效。

2. 自我预防措施

（1）房屋选址。房屋不要建在沟口附近和沟道上。

（2）畅通沟道。不能把冲沟当作垃圾排放场。在冲沟中随意弃土、弃渣、堆放垃圾，将给泥石流的发生提供固体物源、促进泥石流的活动，在雨季到来之前，最好能主动清除沟道中的障碍物，保证沟道有良好的泄洪能力。

（3）改善生态。保护和改善山区生态环境。

（4）警惕暴雨。山区发生暴雨或长时间降雨，应警惕泥石流的发生。

（5）往高地转移。沿山谷徒步时，一旦遇到大雨，要迅速转移到高地，不要在沟谷中长时间停留，在泥石流发生前，山谷中会传来类似火车轰鸣或闷雷般声音。

（6）监测预警。在泥石流形成区设置观测点，发现上游形成泥石流后，及时向下游发出预警信号。

（7）收听预报。收听、收看气象和地质灾害预报，提前做好应对准备。

第七节　地裂缝

“地裂缝”是地面裂缝的简称，是地表岩层、土体在自然因素（地壳活动、水的作用等）或人为因素（抽水、灌溉、开挖等）作用下，产生开裂，并在地面形成一定长度和宽度的裂缝的一种宏观地表破坏的地质现象。这种现象发生在有人类活动的地区时便可成为一种地质灾害。有时地裂缝活动同地震活动有关，或为地震前兆现象之一，或为地震在地面的残留变形。后者又称地震裂缝。

一、危害

地裂缝造成的危害主要表现为：毁坏房屋、毁坏耕地和林木、影响地下矿产资源的开发利用。据 1996 年不完全统计，我国因地裂缝活动毁坏房屋 7 345 间，毁坏公路累计 90 处，错断供水、煤气管道 45 次，危及名胜古迹 8 处，直接经济损失 1 亿多元，造成的间接经济损失及社会影响更大。

二、防灾与减灾对策

为了减轻灾害损失，主要采用以下 7 项措施。

（1）制定措施。加强管理地裂区域的工程地质勘查工作，一些城市还制定了相应的条例、法规。

（2）限制开采。采取各种行政、管理手段限制地下水的过量开采，对于非构造地裂缝，可以针对其发生的原因，采取各种措施来防止或减少地裂缝的发生。

（3）回填补救。对已有裂缝进行回填、夯实等，并改善地裂区域土体的性质。

（4）改造结构。改进地裂区域建筑物的基础形式，提高建筑物的抗裂性能。

（5）加固设施。对地裂区域的已有建筑物进行加固处理。

（6）规避危害。对于构造地裂缝，要合理规划建筑物布局，使工程设施尽可能避开地裂缝危险带。

（7）监测预警。监测地裂缝的活动情况，预测、预报地裂缝发展方向、速率及可能的危害范围，密切注视地裂缝的发展动向。

除了上述几项措施外，还有在矿区开采中，增大、增多预留保护煤柱、限制开采区域等措施。采取这些措施能大大减轻地裂缝灾害。

第八节　地面沉降

地球表面的海拔标高在一定时期内不断降低的环境地质现象叫地面沉降，是地层形变的一种形式。地面沉降有自然的地面沉降和人为的地面沉降。自然的地面沉降一种是在地表松散或半松散的沉积层在重力的作用下，由松散到细密的成岩过程；另一种是由于地质构造运动、地震等引起的地面沉降。人为的地表沉降主要是在人类工程经济活动影响下，由于地下松散地层固结压缩，导致地壳表面标高降低的一种局部的下降运动（或工程地质现象），主要是人类大量抽取地下水所致。

一、危害

地面沉降的危害主要有：毁坏建筑物和生产设施；不利于建设事业和资源开发；造成海水倒灌，使土壤和地下水盐碱化。

二、防灾与减灾对策

防止地面沉降主要有以下 5 项措施。

（1）建立健全地面沉降监测网络，加强地下水动态和地面沉降监测。

（2）含水层存储和修复技术。

（3）改变土地使用类型。

（4）合理开采地下水、提倡节水、加固堤防、立法保护地下水。

(5) 减少落水洞产生的影响，地下水开采层位进行人工回灌。

第九节 地面塌陷

地面塌陷是指地表岩、土体在自然或人为因素作用下，向下陷落，并在地面形成塌陷坑（洞）的一种地质现象。当这种现象发生在有人类活动的地区时，便可能成为一种地质灾害。

根据形成塌陷的主要原因分为自然塌陷和人为塌陷；根据塌陷区域是否有岩溶发育分为岩溶地面塌陷和非岩溶地面塌陷。在我国发育的各类地面塌陷中，以岩溶地面塌陷的分布最广、危害最大。

一、危害

我国岩溶塌陷分布广泛，除天津、上海、甘肃、宁夏以外的省（自治区、直辖市）都有发生，其中以广西、湖南、贵州、湖北、江西、广东、云南、四川、河北、辽宁等省（自治区）最常发生。据统计，全国岩溶塌陷总数达2 841处，塌陷坑33 192个，塌陷面积约332平方千米，造成年经济损失达1.2亿元以上。非岩溶性塌陷据不完全统计，在全国21个省（自治区、直辖市）内，共发生采空塌陷182处以上，塌坑超过1 592个，塌陷面积大于1 150平方千米，年经济损失达3.17亿元。

地面塌陷毁坏城镇设施、工程建筑、农田水利设施，干扰破坏交通线路，造成人员和牲畜伤亡等。

二、防灾与减灾对策

可以针对塌陷的原因，事前采取一些必要的措施，以避免或减少灾害的损失，主要措施包括以下 4 个方面。

（1）采取措施减少地表水的下渗。

（2）合理采矿，预留保护煤柱。合理科学的采矿方案，可以防止或减少塌陷的发生。

（3）未雨绸缪，加强塌陷区地质工程勘察和资料收集分析工作，发现问题，应坚决采取搬迁措施。

（4）防治结合，加强工程自身防护能力。在采空区进行工程建设时，应尽可能绕避最危险的地方。对不能绕避的塌陷区、采空区，根据实际情况采取压力灌浆等工程措施，对已坍塌的地区进行填堵、夯实，条件许可时还可采取直梁、拱梁、筏板等方法跨越塌陷坑。

第六章　森林自然灾害的防御与补救措施

森林中的微生物、昆虫、鼠类的生存和活动，当其超过一定限度时就给森林带来灾难，使林木死亡，减产，称为森林病虫鼠害，亦称森林生物灾害。由于自然火源引起森林燃烧，当失去控制时，使森林大片烧毁，称为森林火灾。此外，森林还受冻害、雪压、风灾、干旱、洪涝、滑坡、泥石流、环境污染和人为因素的破坏，给林业生产造成严重经济损失和人员伤亡，这些统称森林灾害。

第一节　森林生物灾害

我国森林中有有害昆虫 5 020 种，病害 2 918 种，鼠类 160 余种。

森林病、虫、鼠害在我国发生的历史由来已久，而且随着人工林面积的不断扩大，发生面积及其危害程度呈不断上升趋势。主要特点有：一些常发性生物灾害仍未得到有效的控制，发病面积居高不下；钻蛀类害虫对森林的危害十分严重，仍有加重之势；一些突发性或者次要性的病虫害种类的危害不断加剧，在部分地区逐渐形成新的威胁；随着国际往来的快速增加，外来有害生物入侵问题越来越突出；经济林和城市绿化树木病虫害发生面积迅速增加，成为森防工作的又一重要问题；生物与非生物因素综合作用导致的森林衰退病大幅上升；森林鼠害急剧增加。

一、危害

危害我国森林的害虫主要是松毛虫，遍布全国，每年松毛虫成灾面积约134万公顷，减少松树生产量约200万立方米。松毛虫的发育随温度升高而加快，降水强度增大可起杀虫作用，因此松毛虫灾害随气候的规律变化而起伏，一般在太阳黑子活动的极大年和极小年附近，常是松毛虫大发生年。

除松毛虫外，松林线虫、杨树蛀干害虫、泡桐大袋蛾等也是危害严重的害虫。森林病害中，有杨树烂皮病、松抱锈病、松萎蔫病、枣疯病、落叶病、泡桐丛枝病等，一般平原区比山区发病重。我国森林鼠害主要发生在东北西部、华北北部、西北等森林生态较差的地区。

导致森林病虫害多发的人为原因：主要是大量单一的人工林替代了种类多样性丰富的原始森林，使森林对有害生物的自控能力降低。森林病虫害的分布与地形、气温有关。油松毛虫分布在第二级阶梯和第三级阶梯的分界线处，第二级阶梯以上的高海拔地区（除新疆北部外）没有。落叶松毛虫分布在中温带，赤松毛虫分布在暖温带，马尾松毛虫分布在热带、亚热带。

二、防灾与减灾对策

森林生物灾害的防治技术主要有以下7个方面。

（1）加强检疫。抓好林木病虫害进、出口检疫，防患于未然。

（2）技术改进。林业技术改进是防治病虫鼠害的根本措施，具体方法如选育和推广抗病虫能力强的优良品种，按不同林地条件选择不同造林树种和造林密度，无病虫害的壮林造林，及时运出采伐木，及时清除林分中的病虫木，改善林地卫生环境等。

（3）生物防治。利用有益生物防治森林病虫鼠害具有节省能源、防治成本降低、不污染环境、可以持久发挥控制效果等优点。

（4）化学防治。化学防治仍是控制森林病、虫、鼠害大发生和消灭虫源基地的主要措施。

（5）物理防治。

（6）人工防治。

（7）监测应急。根据有关法律法规建立国家或地方重大林业有害生物灾害应急预案，及时监测、上报、防治、评估等。

第二节　森林火灾

森林火灾是指失去人为控制，在林地内自由蔓延和扩展，对森林、森林生态系统和人类带来一定的危险和损失的林火行为。森林火灾具有突发性强、破坏性大、处置救助困难等特点。

一、危害

森林火灾是森林最危险、最可怕的敌人，其危害主要表现在以下 9 个方面。

（1）林火能烧毁森林，破坏森林结构，减少林分密度，减低森林利用价值。

（2）烧毁林下植物资源。

（3）对森林生态系统造成破坏。

（4）危害野生动物。

（5）引起水土流失。

（6）使下游河流水质下降。

（7）引起空气污染。

（8）对人民生命财产和工农业生产带来损失和危害。

(9) 引发其他自然灾害。

二、防灾与减灾对策

森林火灾坚持预防为主，同时注重以下 7 个方面。

(1) 根据《中华人民共和国森林法》和《森林防火条例》的有关规定，建立健全各级森林防火组织机构。

(2) 加强法制建设，开展群众性的森林防火活动。

(3) 加强林区防火基础设施建设，增强防御森林火灾的能力。

(4) 逐步发展壮大森林防火、灭火队伍。

(5) 林区职工群众是森林防火、灭火的基础力量。

(6) 迅速发展航空护林事业。

(7) 开展森林防火科学研究，推广应用新技术。

农村疾病防治篇

第七章　内科疾病

第一节　高血压病

当血浆脂质浓度超过正常值高限时，称为高血压病：高血压病，就是原发性高血压，即是不明原闪的以体循环动脉压增高为主要表现的临床综合征。由于不同层次的人们对该病的认识不一致，迄今它仍然是心血管疾病死亡的主要原因之一。

一、诊断标准

我国采用国际统一标准：收缩压≥140 毫米汞柱和（或）舒张压≥90 毫米汞柱即诊断为高血压。这种诊断标准强调高血压的诊断必须是以在未服任何药物状态下 2 次或 2 次以上不同日多次重复血压测定所得的平均值为依据，偶然测得一次血压增高不能诊断为高血压，必须重复和进一步观察。

二、高血压病的危险度（如何评价高血压的危险性）

高血压病的严重与否并不单纯与血压升高的水平有关，必须结合患者总的心血管疾病危险因素及合并的靶器官损害做全面的评价，治疗目标及预防判断也必须以此为依据。

血压水平的意义和分类（WHO/ISH）

类别	收缩压（毫米汞柱）	舒张压（毫米汞柱）
理想血压	<120	<80
正常血压	<130	<85
1级高血压（轻度）	140～159	90～99
亚组临界高血压	140～149	90～94
2级高血压（中度）	160～179	100～104
3级高血压（重度）	≥180	≥110
单纯收缩期高血压	≥40	<90
亚组临界收缩期高血压	140～149	<90

心血管疾病危险因素：肥胖、吸烟、高脂血症、糖尿病、年龄大于60岁、男性或绝经后女性、心血管病家族史。

靶器官损害及合并的临床疾病：心脏疾病（左心室肥大、心绞痛、心肌梗死、以往曾有冠状动脉旁手术、心力衰竭）、脑血管疾病（中风）、肾脏疾病（蛋白尿或血肌酐升高）、周围动脉疾病、高血压视网膜病变。

高血压病的危险度分为4组。

（一）低度危险组

高血压1级，不伴有上述危险因素，治疗以改善生活方式为主，若6个月后无效，再给药物治疗。

（二）中度危险组

高血压1级，伴有1～2个危险因素，或高血压2级不伴有或伴有不超过2个危险因素：治疗除改善生活方式外，要给予药物治疗。

（三）高度危险组

高血压1～2级伴有至少3个危险因素者，必须药物治疗。

（四）极高危险组

高血压3级或高血压1~2级伴靶器官损害及相关的临床疾病者（包括糖尿病），必须尽快给予强化治疗。

三、高血压病的治疗

治疗目标为降低血压，使血压降至正常范围，防止或减少心脑血管及肾脏并发症，降低病死率和病残率。

（一）非药物治疗

1. 合理膳食

（1）限制钠盐摄入，每天食盐不超过7克为宜。

（2）少吃肥肉等含高脂肪食物，多吃蔬菜水果。

（3）限制饮酒。高血压患者应戒酒或严格限制饮酒。

2. 降低体重

体重增高与高血压密切相关，可通过限制每日进食食物量（热卡）和加强体育锻炼等方法来达到。

3. 运动

运动不仅可使收缩压和舒张压下降（下降6~7毫米汞柱）且对减轻体重、增强体力、降低胰岛素抵抗有利。可根据年龄情况选择慢跑、快步走、打太极拳等；每周3~5次，每次20~60分钟。

4. 其他

保持健康的心理状态，减少心理压力和抑郁、戒烟等对高血压患者均十分重要。

（二）降压药物治疗

近年来，抗高血压的药物发展迅速，根据不同患者的特点可单用或联合应用各类降压药。目前常用的降压药分为六大类。

高血压病患者应在医生的正确指导下选择和应用降压药。有效的治疗必须使血压降至正常范围，即降到140/90毫米汞柱以下，对中青年患者（<60岁），高血压合并糖尿病或肾脏病变的患者，应把血压降至130/85毫米汞柱以下。

高血压病一经确诊，常需终身治疗。经降压药物治疗后，血压得到满意控制，可以逐渐减少降压药的剂量，但一般仍需长期用药，中止治疗后高血压仍将复发。

四、高血压病的预防

高血压病的病因目前尚不十分明确，因此对本病的预防缺乏特别有效的方法，但应从诱因和危险因素入手预防。例如，保持良好的心态，控制自己的情绪；饮食保持低盐、少吃含高脂肪的食物，达到减肥的效果；加强锻炼；限制饮酒特别是白酒，戒烟等健康的生活方式。

第二节　慢性支气管炎

慢性支气管炎，是指气管、支气管黏膜及周围组织的慢性非特异性炎症。临床上以咳嗽、咳痰或伴有喘息及反复发作的慢性过程为特征。它是一种严重危害人们健康的常见病，以老年人多见，他们的患病率约为3.2%。

一、慢性支气管炎发生的有关因素

（一）大气污染

大气中的刺激性烟雾、有害气体对支气管黏膜造成损伤，为细菌的侵入创造了条件。

（二）吸烟

吸烟与慢性支气管炎的发生密切相关。

（三）感染

感染是慢性支气管炎发生、发展的重要因素，主要病因多为病毒和细菌。

（四）过敏因素

据调查，喘息型慢性支气管炎往往有过敏史，过敏反应可使支气管收缩或痉挛，组织损害和炎症反应，继而发生慢性支气管炎。慢性支气管炎多缓慢起病、病程较长，常常反复急性发作而加重。主要症状有慢性咳嗽、咳痰、喘息。开始症状较轻，如吸烟、接触有害气体、过度劳累、气候变化或受凉感冒后则引起急性发作或加重。或由上呼吸道感染经久不愈，逐渐发展为慢性支气管炎。冬天病情较重或发作较频繁，到夏天气候转暖时多可自然缓解。

二、治疗

针对慢性支气管炎的病因，病期和反复发作的特点，应采取防治结合的综合措施在急性发作期和慢性迁延期应以控制感染和祛痰、镇咳为主。伴发喘息时，应予解痉平喘治疗。

三、预防

首先是戒烟。注意保暖，避免受凉，预防感冒。改善环境卫生，做好个人劳动保护，消除及避免烟雾、粉尘和刺激性气体对呼吸道的刺激。加强锻炼，提高机体抵抗力，避免和减少各种诱发因素。

第三节　支气管哮喘

支气管哮喘简称哮喘，临床上表现为反复发作的喘息、呼气性呼吸困难、胸闷或咳嗽等症状。常在夜间和（或）清晨发作、加剧，常常出现广泛多变的可逆性气流受阻，多数患者可以自行缓解或经治疗后缓解。

一、病因

哮喘的病因还不十分清楚，多数研究表明与多基因遗传有关，也就是同时受遗传因素和环境因素的双重影响许多调查资料表明，哮喘患者亲属患病率高于群体患病率，并且亲缘关系越近，患病率越高；患者病情越重，他们的亲属患病率也越高。

主要诱发因素有：①吸入物，如花粉、动物毛屑、二氧化硫、氨气等极可能诱发哮喘；②感染原，如细菌、真菌、病毒、昆虫、寄生虫等是诱发哮喘的原因之一；③食物，如鱼、虾、蟹、蛋类、牛奶等也可能诱发这种病；④药物，如普萘洛尔、阿司匹林等可能诱发哮喘；⑤其他，如气候变化、运动、妊娠等都可能是哮喘的激发因素。

二、主要症状

起病比较急，为发作性伴有哮鸣音的呼气性呼吸困难或发作性的胸闷和咳嗽，严重者不能平卧而被迫采取坐位呈端坐呼吸；干咳或咳出大量白色泡沫痰，甚至出现口唇青紫。哮喘症状可在数分钟内发作，经数小时至数天，使用支气管舒张药后一般能够自行缓解。

三、治疗

目前还没有特效的治疗方法。但是哮喘症状能得到控制，减少复发甚至不发作。

（一）脱离变应原

部分哮喘能找到过敏原或其他的特异性刺激因素，应当使患者脱离过敏原和不与相关的刺激因素接触。这是治疗哮喘最有效的方法。

（二）药物治疗

使用平喘药控制哮喘的症状，药物的使用方法与疗程都应当有医生的指导。

四、预防

预防应加强教育与管理。

让哮喘患者相信通过长期、适当、充分的治疗，哮喘发作是完全可以得到有效控制的。

根据每个人的情况，找出各自的诱发因素，以及避免诱发因素的方法。

熟悉哮喘发作的先兆表现及相应的处理办法。

第四节　慢性胃炎

慢性胃炎为胃黏膜的慢性支气管炎性病变。

一、病因

（一）幽门螺旋杆菌感染

目前认为幽门螺旋杆菌的感染是慢性胃炎最主要的病因。

（二）自身免疫

胃壁细胞损伤后能作为自身抗原刺激机体的免疫系统而产生相应的壁细胞抗体和内因子抗体，最终导致壁细胞数减少，胃酸分泌减少乃至缺失，以及维生素 B_{12} 吸收不良，导致恶性贫血。

（三）十二指肠液反流

由幽门括约肌松弛等因素造成十二指肠液反流，其中的胆汁和胰液等会削弱胃黏膜的屏障功能，使胃液—胃蛋白酶对胃黏膜产生损害作用。

（四）其他因素

如果长期大量饮酒和食用辛辣食物引起的刺激也可能使胃黏膜发生炎变并持续不愈。

二、主要症状

慢性胃炎病程较长，大多没有明显症状，而部分有消化不良的表现，会有上腹饱胀不适，以进餐后更加严重，和无规律的隐痛、嗳气、反酸烧灼感、食欲不振、恶心、呕吐等。少数有少量胃出血的表现，慢性胃炎可出现厌食和体重减轻，并且常常伴有贫血。

三、慢性胃炎的防治

有慢性胃炎症状者应到医院作胃镜检查和胃黏膜活检，明确诊断和了解有无幽门螺旋杆菌感染。对有幽门螺旋杆菌感染者，应立即清除，后胃黏膜炎症改善，甚至消退，部分患者症状得以改善。

对无幽门螺旋杆菌者，应分析病因、对因治疗，特别是注意饮食的调节。对慢性浅表性胃炎患者，要注意饮食规律，定时、定量，避免各种刺激性的食物，如烈酒、生蒜、芥末、咖啡、浓茶等。避免食用过甜、过咸、过冷、过烫、过分粗糙的食物。多吃豆腐、胡萝卜等富含植物蛋白及维生素的食物。对慢性萎缩性胃炎患者，应少吃盐渍、烟熏、反复煎炸和不新鲜食物，多吃新鲜蔬菜和水果。胃酸缺乏明显者，应食用高蛋白低脂肪的食物，以及山楂、苹果等以刺激胃酸分泌；还应当多食用酸奶或进食少许醋，以帮助消化。对胆汁反流性胃炎，应禁酒、戒烟，少食用肉类和油煎鸡蛋等高脂肪食物。

第五节　冠心病

冠状动脉粥样硬化性心脏病，简称冠心病，它是因冠状动脉粥样硬化使血管腔阻塞，或冠状动脉功能改变（痉挛）导致心肌缺血缺氧而引起的心脏病。临床上根据冠状动脉病变的部位、范围、血管阻塞的程度和心肌供血不足的发展速度、范围和程度的不同，分为 5 种类型：无症状型冠心病，也称隐匿型冠心病；心绞痛型冠心病；心肌梗死型冠心病；缺血性心肌病型冠心病；猝死型冠心病。

一、危险因素

（一）年龄

多发生于 40 岁以上的中、老年人，49 岁以后病情进展较快。

（二）性别

本病男性多于女性，男女比为 2∶1。

（三）血脂

血脂含量异常增高。

（四）血压

血压增高与这种疾病密切相关。冠状动脉粥样硬化者 60%~70%有高血压，高血压者患本病的概率较正常血压者高 3~4 倍。

（五）吸烟

吸烟与不吸烟者比较，这种疾病的发病率和病死率增高 2~

6倍，而且与每日吸烟的支数成正比。

（六）糖尿病

糖尿病患者这种疾病发病率高出正常人2倍。

（七）其他因素

肥胖者、体力劳动少者或活动量小者、精神紧张者、喜欢吃甜食、高脂饮食者、有家族史者等。

二、冠心病的防治

（一）一般防治措施

首先要让患者知道这种疾病是可以控制的，只要长期耐心地接受和坚持防治，这种疾病能够得到改善，病变可能部分消退、能够维持一定的生活和工作能力。

1. 合理的膳食

食用总热量不要过高，以维持正常体重为度，40岁以上者要预防发胖。提倡低脂（脂肪摄入量不超过总热量的30%，其中动物脂肪不超过10%）、低胆固醇（每日不超过300毫克）膳食，并要限制酒和含糖食物，而多食用富含维生素C（新鲜蔬菜、瓜果）和植物蛋白（豆类及其产品）的食物。食用油尽可能使用豆油、菜籽油、麻油、玉米油等，少用动物油。当然，也不是就不能食用动物油，但必须控制量。

2. 适当的体力劳动和参加体育锻炼

参加一定的体力劳动和体育锻炼，对预防肥胖、锻炼循环系统的功能和调整血脂代谢有好处。体育活动要循序渐进，不要超出心脏承受力而做剧烈活动。如果是老年人，提倡散步、做保健体操、打太极拳等（每日1小时，分次进行）。

3. 合理安排工作和生活

生活要有规律，保持乐观、快乐的情绪，避免过度劳累和情绪激动，注意劳逸结合，保证充分的睡眠。

提倡不吸烟、不饮烈酒。饮用红葡萄酒有一定的抗氧化作用和软化血管的作用。但是，大量吸烟和饮用烈酒会使病情加剧。

4. 治疗相关疾病

积极治疗与本病有关的一些疾病，如高血压、肥胖症、高脂血症、痛风、糖尿病、肝病、肾病综合征等。

（二）药物治疗

如果患上了这种病，应到正规医院在医生的指导下进行治疗，常用的药物有扩张血管的药物、调节血脂的药物、抗血小板药物和溶血栓和抗凝药等。但这些药物都只能在医院由医生进行治疗使用。

（三）手术治疗

冠状动脉狭窄或闭塞者可施行冠脉搭桥手术、球囊扩张术等。

第六节　尿路感染

尿路感染分为上尿路感染（主要是肾盂肾炎）和下联路感染（主要是膀胱炎）。尿路感染是因微生物（如结核杆菌、真菌、衣原体、支原体和某些病毒）侵入尿路而引起的感染，尿路感染是常见病，它的发病率约占人口的2%。

一、主要表现

膀胱炎占尿路感染的60%。它的主要表现为尿频、尿急、尿痛、耻骨弓上（小腹）不适等。一般没有全身感染症状，常有菌尿，部分有血尿（约30%）。

肾盂肾炎，除了有上述尿路刺激症状外，还可能有腰痛、胁脊角压痛或叩痛及全身感染症状（如寒战、发热、头痛、恶心、呕吐、血液中白细胞数量升高等）。

二、治疗

只要患上了这种病，就应该到医院做药物敏感试验，指导用药。用药的话，可选用复方磺胺甲恶唑（增效联磺片）或喹诺酮类先治疗，等到药敏试验结果后再调整药物。

三、预防

多饮水、勤排尿，是最实用、节省和有效的预防方法。经常保持阴部的清洁，勤洗阴部、勤换内裤。

避免不洁性交，性交前必须清洗阴部，性交后及时排尿、清洗阴部。

尽量避免使用尿路器械，如果必须使用保留尿管，必须严格执行有关护理规定。

第七节　糖尿病

糖尿病是由多种病因引起的慢性高血糖为特征的代谢紊乱。高血糖是由于胰岛素分泌或作用的缺陷，或两种同时作用而引起的疾病。

糖尿病的病因目前还不十分清楚，但已经公认糖尿病不是唯一病因所致的单一疾病，而是复合病因的综合征，与遗传因素、自身免疫及环境因素有关。随着人民生活水平的提高，人口老龄化、生活方式的改变，糖尿病发病率逐年增高，成为严重威胁人类健康的公共卫生问题。

一、主要表现

这种病典型的表现为“三多一少”，即饮水多、小便多、吃得多这“三多”；体重减少为“一少”。可有皮肤瘙痒（以外阴瘙痒为甚)，视力模糊等症状。严重患者会出现并发症相关的表现，出现反应性低血糖，个别患者没有明显症状，仅仅在健康体检时发现血糖高。

二、糖尿病的常见并发症

（一）急性并发症

（1）糖尿病酮症酸中毒和高渗性非酮症性昏迷是糖尿病的急性并发症，个别患者没有明显的“三多一少”症状。

（2）感染。糖尿病患者因全身抵抗力降低，容易发生各部位的感染，并且感染后不容易控制。

（二）慢性并发症

1. 大血管病变

糖尿病患者动脉粥样硬化的患病率较高，发病年龄较轻，病情进展也较快。主要影响四肢大血管、主动脉、冠状动脉、脑动脉、肾动脉等；引起冠心病、缺血或出血性脑病、肾动脉硬化、肢体动脉硬化等病变。

2. 微血管病变

可引起微小动、静脉微循环障碍，微血管瘤形成和微血管基底膜增厚，它主要表现以糖尿病肾病和视网膜病变为主。

3. 神经病变

以侵犯周围神经最为常见，常为对称性。下肢较上肢严重，病情进展缓慢，一般先有感觉异常，随后出现肢体疼痛，后期会出现肌张力、肌力减弱，肌肉萎缩和瘫痪。

4. 眼的改变

糖尿病除可引起视网膜病变外，还可能引起黄斑病、白内障、青光眼、虹膜睫状体炎等病变。

5. 糖尿病足

糖尿病会引起足部疼痛、皮肤深溃疡、肢端坏死等。

三、糖尿病的防治

目前对糖尿病的病因和发病机制还不十分清楚，所以无有效的治疗手段。应强调早期治疗、长期治疗、综合治疗、治疗措施个体化的原则。治疗的目标是使血糖达到或接近正常水平，纠正代谢紊乱，消除糖尿病症状，防止或延缓并发症，维持良好的健康和活动能力，延长寿命，降低病死率。具体措施：以饮食治疗和合适的体育锻炼为基础，根据不同病情予以口服降糖药或胰岛素治疗。

糖尿病患者及其家属应充分认识到糖尿病是终身疾病，目前还不能根治，对它的治疗需要持之以恒。生活应有规律，戒烟和戒烈性酒，注意个人卫生，预防各种感染。饮食控制是一项重要的基础治疗措施，要严格和长期执行。

一般情况下，糖尿病患者应当禁食富含单糖的食物：如糖果、糕点、蜜饯、果酱、蜂蜜、冰激凌等。因为它们在肠道吸收很快，能使血糖迅速增高，对病情产生不利影响。

糖尿病患者应当少吃的食物有含胆固醇高的食物如动物内脏、脑、血、蛋黄等，及含饱和脂肪酸多的食物如肥肉、动物油等，以利于控制心血管疾病的发生与发展。含盐较多的泡菜、咸菜、腌腊食品也不宜多吃。烟、酒不利于糖尿病患者对病情的控制，并能促使多种并发症的发生，所以糖尿病患者应当戒烟、禁酒。

有规律的适度体育锻炼有利于减轻体重，提高胰岛素的敏感性，改善血糖和脂代谢紊乱。

第八节　中　暑

人的体温是恒定的，正常温度在37℃左右，体温的恒定是靠机体调节来完成的。

如果人在高温环境下劳动、工作或停留，身体虽然通过一系列调节仍不能维持体温平衡时，体内的热量就会大量蓄积，引起体温调节中枢障碍、汗腺功能衰竭和水电解质丢失等一系列严重的临床症状. 这就是中暑。

它主要是由人体对高温环境的适应能力不足所引起，促使中暑的原因：环境温度过高，超过人体温度，人体在环境中摄取热量。产热增加，如从事重体力劳动，发热、甲亢病等。散热障碍，如环境湿度过大，过度肥胖，穿上了透气不良的衣服。

第九节　新型冠状病毒肺炎

2019年12月底以来，湖北省武汉市、全国其他地区及世界各地陆续出现2019新型冠状病毒感染的肺炎病例。新型冠状病毒肺炎（COVID-19）究竟有什么症状？如何检测？如何确认？如何治疗？怎样做好个人防护？出院后需要注意什么？

一、概述

1. 新型冠状病毒病原学特点

经过病毒序列比对分析，推测新型冠状病毒病的自然宿主可能是蝙蝠。在从蝙蝠到人的传染过程中很可能存在未知的中间宿主或媒介。根据对 SARS-CoV 和 MERS-CoV 的研究，冠状病毒对热敏感，保持 56℃ 30 分钟、乙醚、75%乙醇、含氯消毒剂、过氧乙酸和氯仿等脂溶剂均可有效灭活冠状病毒。氯已定不能有效灭活冠状病毒。

2. 起病以发热为主要表现

从临床表现来看，新型冠状病毒肺炎起病以发热为主要表现，可合并轻度干咳、乏力、呼吸不畅、腹泻等症状，流涕、咳痰等卡他症状少见。一般患者在 1 周后出现呼吸困难，严重者快速进展为急性呼吸窘迫综合征、脓毒症休克、难以纠正的代谢性酸中毒和出凝血功能障碍。部分患者起病症状轻微，无发热等临床症状，多在 1 周后恢复。多数患者预后良好，少数患者病情危重，甚至死亡。

影像学表现早期呈现多发小斑片影及间质改变，以肺外带明显。进而发展为双肺多发磨玻璃影、浸润影，严重者可出现肺实变，胸腔积液少见。

除影像学表现外，患者还可出现发病早期外周血白细胞总数正常或减少、淋巴细胞计数减少，部分患者出现肝酶、肌酶和肌红蛋白增高。多数患者 C 反应蛋白和血沉升高，降钙素原正常。严重者 D-D 二聚体升高，淋巴细胞进行性减少。

3. 发热患者合并哪些症状要怀疑被感染

此次新型冠状病毒性肺炎是一种全新的冠状病毒肺炎，人群对这种病毒普遍缺乏免疫力。该病毒具有人群易感性，如果接触病毒数量大，或机体免疫功能较差的人群极易出现感染。

发热伴有呼吸道症状的患者在发热的同时具有肺炎影像学特征；发病早期白细胞总数正常或减少，或淋巴细胞计数减少，可判断为疑似病例。

在符合疑似病例标准的基础上，痰液、咽拭子、下呼吸道分泌物等标本行实时荧光 RT-PCR 检测 2019-nCoV 核酸阳性，就可确诊。

对于所有疑似病例，需要就地医学隔离，对于轻症患者，可在门诊隔离观察或居家隔离观察。所有回家观察的患者都要求其一旦出现任何疾病的恶化表现立即回到指定医院集中治疗。重症患者、危重症患者需要住院治疗。

4. 新型冠状病毒肺炎需要鉴别的疾病

由于此种肺炎患者往往有发热，双肺弥漫性、浸润性病变，首先需要与其他类型肺炎相鉴别，如细菌性肺炎或支原体、衣原体肺炎等非病毒性肺炎，细菌性肺炎患者往往血象较高，且以单肺为主，咳嗽时可有脓痰。其次需要与其他病毒性肺炎相鉴别。很多病毒都会引起肺炎，如流感病毒、呼吸道合胞病毒、鼻病毒、腺病毒等都可以引起肺炎，但这些病毒感染引起肺炎概率相对较低，数量相对较少，而新型冠状病毒感染患者出现肺炎概率较高，传染性较其他病毒性肺炎强。另外，还需要与间质性肺疾病尤其是急性间质性肺炎相鉴别，主要从流行病学、影像学表现等来进行鉴别。

5. 抗病毒药、抗菌药物以及激素应用需要注意

目前对于新型冠状病毒没有特效抗病毒药物，治疗以对症、支持为主。避免盲目或不恰当的抗菌药物治疗，尤其是联合应用广谱抗菌药物。对于轻症患者，建议根据患者病情静脉或口服给予针对社区获得性肺炎的抗菌药物，如莫西沙星或阿奇霉素。对于重症或危重症患者，给予经验性抗微生物药物以治疗所有可能的病原体。对于脓毒症患者，应在初次患者评估后一小时内给予抗微生物药物。

糖皮质激素对于病毒是把“双刃剑”，一方面会抑制机体免疫功能，可能导致病毒播撒，另一方面其可以减轻肺部炎症反应，有利于改善缺氧、呼吸窘迫症状，除非特殊原因，应避免常规皮质类固醇使用。可根据患者呼吸困难程度、胸部影像学进展情况，酌情短期（3~5 天）使用糖皮质激素。目前尚无特异性抗病毒药物。可试用 α-干扰素雾化吸入、洛匹那韦/利托那韦等药物。

6. 新型冠状病毒易感人群

人群普遍易感，老年人，及有基础疾病者，感染后病情较重，孕产妇，儿童及婴幼儿也有发病，发病概率的大小取决于接触病毒，或暴露机会多少。高危人群包括接触患者的医护人员，患者的家属和到过疫区的人。根据中华人民共和国卫生健康委员会详细披露的死亡病例发现，死亡多集中在中老年病例，感染前大多有不同程度的慢性疾病。老年人、免疫系统功能比较低下的人群和有慢性病的人群更容易感染或变为重症，所以需要格外重视防护。

二、新型冠状病毒主要的传播途径

新型冠状病毒的主要传播途径有 2 个。

1. 接触传播

触摸被污染的物体表面，然后用脏手触碰嘴巴、鼻子或眼睛，这些均为新型冠状病毒可能的传播途径。为什么聚集性传播导致感染的概率很大，在一起，各种直接或间接接触，病毒都可能由甲到乙，再到丙和丁，即使戴了口罩，但直接或间接接触物体，仍然能导致感染。

2. 飞沫传播

通过咳嗽或打喷嚏在空气传播，飞沫随着空气在飘荡，如果没有防护，非常容易中招。飞沫传播的可怕之外在于人的流动性大，就能随时通过飞沫在空气释放病毒，特别是在春节期间，一年之中人口流动性最强的时刻，这也是对抗新型冠状病毒肺炎疫情的难点。

三、在各种场所卫生要求

1. 在农贸市场怎样预防新型冠状病毒感染？

（1）避免在未加防护的情况下与农场牲畜或野生动物接触。

（2）在人多的地方戴口罩。

（3）咳嗽或打喷嚏时，用纸巾或衣袖或屈肘将口鼻完全遮住；将用过的纸巾立刻扔进封闭式垃圾箱内；咳嗽或打喷嚏后，用肥皂和清水或含酒精洗手液清洗双手。

（4）外出回家后及时洗手，如有发热和其他呼吸道感染症状，特别是持续发热不退，及时到医院就诊。

2. 在影剧院怎样预防新型冠状病毒传染？

传染病流行期间，尽量不到影剧院等人群密集和空气流通不畅的公共场所。必须前往时，应戴口罩，在自已咳嗽或打喷嚏时，用纸巾将口鼻完全遮住，并将用过的纸巾立刻扔进封闭式垃圾箱内，防止病原体传播。影剧院等公共场所的经营管理者应保持室内环境卫生，每日定时换气通风、清洁消毒。

3. 在公共交通设施怎样预防新型冠状病毒传染？

公交车、地铁、轮船和飞机等地方人流密集，可佩戴口罩减少接触病原风险。在自已咳嗽或打喷嚏时，用纸巾将口鼻完全遮住，并将用过的纸巾立刻扔进封闭式垃圾箱内，防止病原体传播。

4. 在办公场所怎样预防新型冠状病毒传染？

保持工作场所室内不断地通风换气；不要随地吐痰，可以先吐在纸张上，在方便时再把它扔进封闭式垃圾箱内，在自己咳嗽或打喷嚏时，用纸巾将口鼻完全遮住，并将用过的纸巾立刻扔进封闭式垃圾箱内，防止病原体传播；保持个人卫生，要勤洗手；传染病流行季节应尽量避免各类聚会。

5. 在生鲜市场里工作，怎样预防新型冠状病毒传染？

（1）接触动物和动物产品后，勤用肥皂和清水洗手。

（2）每天至少对设备和工作区域进行一次消毒。

（3）在处理动物和生鲜动物产品时，穿好防护服、戴手套和戴口罩等防护。

（4）下班后脱去防护服，每天清洗并将其留在工作区域。

（5）避免家庭成员接触未清洗的工作服和鞋等。

6. 在医院怎样预防新型冠状病毒传染？

（1）去医院看病、探望患者时，尤其是去医院的发热门诊或呼吸科就诊时应该戴上口罩。

（2）尽可能避免与有呼吸道疾病症状（如发热、咳嗽或打喷嚏等）的人密切接触。

（3）保持良好的个人卫生习惯，咳嗽或打喷嚏时用纸巾掩住口鼻。

（4）用肥皂和清水或含酒精洗手液清洗双手，不用脏手触摸眼睛、鼻或口。

（5）将用过的纸巾立刻扔进封闭式垃圾箱内。

（6）密切关注发热、咳嗽等症状，出现此类症状一定要及时就近就医。

7. 医务人员个人如何防护新型冠状病毒传染？

（1）医务人员在诊疗工作中应当遵循标准预防原则，严格执行手卫生、消毒、隔离及个人防护等措施。

(2) 在接触所有患者时应当戴外科口罩。戴口罩前和摘口罩后应当进行洗手或卫生手消毒。

(3) 医务人员进入或者离开发热门（急）诊时，要按照有关要求，正确穿脱防护用具。

8. 医生和护士是感染新型冠状病毒的高风险人群

由于医生和护士等医护工作者与患者的接触多于一般人与患者的接触，他们属于感染新型冠状病毒的高风险人群。WHO建议医务工作者坚持采取严格的感染防控措施。

9. 发热门诊的医务人员为什么要穿防护服接诊患者？

(1) 医务人员是疫情防控的主力军。医务人员做好个人的防护，才能更好地救助广大患者。

(2) 为确保医务人员健康，应加强各类医院的防控措施，严格控制医院感染，强化医务人员防护，关心关爱医务人员，加强对医务人员健康的日常监测，才能有效对疑似病例及时进行检测和救治。

10. 农民个人如何有效预防新型冠状病毒感染？

(1) 多开窗通风。适当开窗通风，居家每天都应该开窗通风一段时间，加强空气流通，能有效预防呼吸道传染病。

(2) 出门戴口罩。佩戴口罩可以有效降低感染风险，避免到人群密集的场所，必要时外出佩戴口罩。

(3) 注意勤洗手。注意个人卫生，勤洗手，用肥皂和清水或含有酒精的洗手液洗手。

(4) 别去人多地方。近期尽量避免出门，减少流动性，尽量不要到封闭、空气不流通的公共场所和人多聚集的地方，尤其是小孩、老年人、孕妇及基础病患者。

(5) 注意咳嗽礼仪。若脱口罩咳嗽或打喷嚏，要用纸巾或手肘捂住口鼻，痰液也要用纸巾包好，用过的纸巾要丢弃至垃圾桶，并清洁双手，戴好口罩。

（6）其他措施。避免与任何有感冒或类似流感的人密切接触；避免在未加防护的情况下接触野生动物或养殖动物。

第八章　外科疾病

第一节　疖

疖是一个毛囊及其所属皮脂腺的急性化脓性感染，常扩散至周围组织。疖多发生在毛囊和皮脂腺丰富的部位，如头面部、颈部、背部、腋部、腹股沟部、会阴部和小腿等。不同部位同时发生几处疖，或者在一段时间内反复发生疖，称为疖病。中医学的“疖”包括有头疖、无头疖、蝼蛄疖、疖病，其中有头疖相当于西医学的“疖”。其特点是肿势局限，直径多在3厘米左右，突起根浅，色红，灼热，疼痛，出脓即愈。

一、病因病理

1. 病因

疖的发生可与皮肤不清洁、擦伤、环境温度高或人体抵抗力低下等有关。常见致病菌是金黄色葡萄球菌，偶有表皮葡萄球菌或其他病菌致病。

2. 病理

疖是急性化脓性炎症，其感染病灶的特征之一就是形成脓栓，脓性物质由受损细胞、被破坏的组织和病原体等共同形成。

二、中医病因病机

中医学认为，夏秋季节感受暑毒，汗出不畅，暑湿热毒蕴蒸肌肤或引起痱子，复经搔抓，破伤染毒而成。发于其他季节者，或因过食膏粱厚味，醇酒辛辣，以致内郁湿火，复外感风邪，两相搏结，蕴阻肌肤而生；或因平素体质虚弱者，或伴消渴、习惯性便秘等慢性疾病阴虚内热者，或脾虚便溏者，更易染毒发病，并可反复发作，缠绵难愈。

三、治疗

初期可用物理疗法促使炎症消退；出现脓点或有波动感时，改用石炭酸点涂脓点或用针头、刀尖剔出脓栓，排出脓液；脓肿形成及时切开引流。切忌挤压化脓性病变，危险三角区的疖不可随便手术。全身反应严重时及时应用抗生素，注意休息。糖尿病患者还应注意同时治疗糖尿病。

四、中医治疗

（一）内治

1. 热毒蕴结证

（1）治法。清热解毒。

（2）方药。五味消毒饮、黄连解毒汤。

2. 暑热浸淫证

（1）治法。清暑化湿解毒。

（2）方药。清暑汤。

3. 体虚毒恋证

（1）治法。养阴清热解毒；或健脾和胃，清化湿热。

（2）方药。偏阴虚内热者可服仙方活命饮合增液汤加减；

偏脾胃虚弱者可服五神汤合参苓白术散。

（二）外治

（1）初起可用金黄膏、玉露膏外敷或三黄洗剂外搽；也可用鲜野菊花叶、蒲公英、芙蓉叶、芦荟等，洗净捣烂敷于患处，每日 1~2 次，或水煎后每日外洗 2 次。

（2）脓成可外贴咬头膏或切开排脓，用引流条蘸九一丹提脓拔毒。脓少可用生肌玉红膏，脓尽用生肌白玉膏掺生肌散收口。

第二节　痈

痈是指相邻的多个毛囊及其所属皮脂腺或汗腺的急性化脓性感染，可由一个疖扩散或由相邻的多个疖融合而成。痈属于中医学“有头疽”的范畴，是指发生于肌肤间的急性化脓性疾患。本病的特点是局部初起皮肤上即有粟粒样脓头，锨热红肿胀痛，易向深部及周围扩散，脓头亦相继增多，溃烂之后，状如莲蓬、蜂窝。由于脓液一时不易畅流排泄，而向周围蔓延扩展变大，直径常超过 9 厘米，甚至大于 30 厘米。一般说来，发于项后、背部者，常不易透脓，内陷变证较为多见，故病情较重；发于四肢者，容易透脓，变证少见，故病情较轻。有头疽的病名，由于发生的部位不同而名称各异。如生于脑后（项后）部的叫“脑疽”；生于背部的叫“发背疽”；生于胸部膻中穴的叫“膻中疽”；生于少腹部的叫“少腹疽”。

一、治疗

1. 全身治疗

保证休息，加强营养，早期应用抗生素，必要时给予止痛剂。对糖尿病患者应同时给予胰岛素和饮食控制等治疗。

2. 局部处理

发病初期，可局部外敷药物以局限病变；脓点增多、病变表面紫褐色或破溃流脓时，必须及时做“+”或“++”形切口引流；已化脓和已失活但尚未成脓的组织应尽量清除，然后填塞生理盐水纱条；术后24小时改用呋喃西林等纱条，促使肉芽组织生长，较大的创面需植皮。唇痈不宜手术治疗。

二、中医治疗

（一）内治

1. 火毒凝结证

（1）治法。和营托毒，清热泻火。

（2）方药。仙方活命饮合黄连解毒汤。

2. 湿热壅滞证

（1）治法。清热化湿，和营托毒。

（2）方药。仙方活命饮加减。

此外，消渴病并发有头疽者，应积极治疗原发病，才能有效地控制感染。合并内陷者，参照内陷的治疗。

3. 阴虚火炽证

（1）治法。滋阴生津，清热托毒。

（2）方药。竹叶黄芪汤加减。

4. 气虚毒滞证

（1）治法。扶正托毒。

（2）方药。八珍汤合仙方活命饮。

（二）外治

1. 初期

用金黄膏加千捶膏外敷。

2. 溃脓期

用八二丹、金黄膏外敷；如脓水稀薄灰绿，改用七三丹。若腐肉阻塞，脓液积蓄难出而有波动时，可作“+”形切开引流术。

3. 收口期

用白玉膏加生肌散外敷。若疮口有胬肉高突，用白玉膏；或剪除胬肉，再用生肌收口药；若疮口有空腔，皮肤与新肉一时不能黏合，可用垫棉法；若无效，则应采取手术扩创。

第三节　急性蜂窝织炎

急性蜂窝织炎指皮下、筋膜下、肌间隙或深部疏松结缔组织的急性弥漫性化脓性感染，可发生在人体各部位。本病属于中医学的“发”的范畴，主要指病变范围较痈大的急性化脓性疾病。其特点是初起齐头，红肿蔓延成片，中央明显，四周较淡，边界不清，灼热疼痛，有的3~5天后中央色褐腐溃，周围湿烂，全身症状明显。常见的有发生于结喉处的“锁喉痈”、生于臀部的“臀痈”、生于手背部的“手发背”、生于足背部的“足发背”。

一、治疗

1. 局部处理

病变早期患处制动，外敷药物或理疗；脓肿形成后，或口底、颌下和颈部的急性蜂窝织炎，应及时切开引流并清除坏死组织；有厌氧菌混合感染时更应尽早多处切开，清除坏死组织后用3%过氧化氢冲洗。

2. 全身治疗

及时应用抗生素；物理降温；加强营养；维持呼吸道通畅和有效通气；警惕并发症的发生，做好急救准备。

二、中医治疗

（一）内治

1. 风火痰毒证

（1）治法。散风清热，化痰解毒。

（2）方药。普济消毒饮。

2. 风热毒蕴证

（1）治法。清热祛风，和营解毒。

（2）方药。仙方活命饮。

3. 湿热火毒证

（1）治法。清热泻火，利湿解毒。

（1）方药。黄连解毒汤合五神汤。

4. 热盛酿脓证

（1）治法。清热解毒，透脓托毒。

（2）方药。黄连解毒汤。

5. 气血两虚证

（1）治法。调补气血。

（2）方药。八珍汤。

（二）外治

（1）初起未溃时用玉露散或金黄散，以金银花露或菊花露调敷。

(2) 成脓后应及早切开减压，用九一丹药线引流，外盖金黄膏或红油膏。

(3) 溃后用八二丹、红油膏盖贴，脓腔深者用药线引流；脓尽用生肌散、白玉膏收口；臀痈疮口有空腔不易愈合者，用垫棉法加压固定。

第四节 丹 毒

丹毒是由乙型溶血性链球菌侵入皮肤淋巴管网，造成皮肤及其网状淋巴管的急性炎症，常发生在面部和下肢。不化脓且有传染性是其特点。中医认为，丹毒多先由皮肤、黏膜破损，外受火毒与血热搏结，蕴阻肌肤，不得外泄，致患部鲜红灼热，有如涂丹为特征。发生在面部又称为“抱头火丹”；发生在腰胯称为“内发丹毒”；发生在小腿和足部称为“腿游风”或“流火”；初生儿患此病，称为“赤游丹毒”。

一、治疗

注意休息，抬高患肢，及时应用抗生素，局部紫外线照射后外敷药物，积极治疗可引起丹毒的其他疾病。因本病可接触性传染，需床边隔离。

二、中医治疗

以凉血清热，解毒化瘀为原则。

(一) 内治

1. 风热毒蕴证

(1) 治法。散风清火解毒。

（2）方药。用普济消毒饮；或可服导赤丹、清血解毒丸、梅花点舌丹等。

2. 湿热毒蕴证

（1）治法。利湿清热解毒。

（2）方药。用萆薢渗湿汤合五神汤；或可服龙胆泻肝丸、复方金银花冲剂、二妙丸等。

3. 胎火蕴毒证

（1）治法。凉血清营解毒。

（2）方药。犀角地黄汤合黄连解毒汤。

（二）外治

可外敷玉露散或金黄散，以鲜丝瓜叶捣汁或金银花露调敷，并时时湿润之。或用鲜野菊花叶，或鲜蒲公英，或鲜地丁草，或鲜马齿苋，或鲜冬青树叶捣烂湿敷。干后调换，或以冷开水时时湿润。下肢复发性丹毒，形成大脚风，可选紫苏 100 克，葱白 100 克，鲜凤仙花带茎叶 100 克，煎汤熏洗。

第五节　急性淋巴管炎和淋巴结炎

急性淋巴管炎指致病菌经破损的皮肤、黏膜，或其他感染病灶侵入，引起淋巴管及其周围组织的急性化脓性炎症。若急性淋巴管炎扩散至局部淋巴结或化脓性感染经淋巴管蔓延至所属区域淋巴结，即为急性淋巴结炎。急性淋巴管炎相当于中医学的“红丝疔”，多因手足皮肤损伤，感染邪热火毒，走注经络，呈红丝显露，迅速上攻手膊或小腿的急性感染性疾病。邪毒重者可内攻脏腑，发生“走黄”。急性淋巴结炎在中医学中相当于“痰毒”或“痈”，是指感受风热湿毒，气血被毒邪壅塞于皮肉之间，继而炼液成痰，痰毒互阻，结块而肿的急性化脓性疾病。

一、治疗

急性淋巴结炎未形成脓肿时可暂不处理，而应先治疗疖、痈等原发感染，口服抗生素促使炎症消退。脓肿形成时，必须穿刺抽脓或切开引流。

急性淋巴管炎也应着重治疗原发感染病变。皮肤有红线条时，可用呋喃西林等溶液湿温敷。

二、中医治疗

（一）内治

1. 急性淋巴管炎（红丝疔）火毒入络证

（1）治法。清热解毒。

（2）方药。五味消毒饮。

2. 火毒入营证

（1）治法。凉血清营，解毒散结。

（2）方药。犀角地黄汤，黄连解毒汤，五味消毒饮。

3. 急性淋巴结炎（痰毒、痈）风热痰毒证

（1）治法。散风清热，化痰消肿。

（2）方药。牛蒡解肌汤或银翘散。

4. 急性淋巴结炎肝郁痰火证

（1）治法。清肝解郁，消肿化毒。

（2）方药。柴胡清肝汤。

5. 急性淋巴结炎湿热蕴结证

（1）治法。清热祛湿，和营托毒。

（2）方药。五神汤合二陈汤。

6. 急性淋巴结炎热盛酿脓证

（1）治法。和营清热，透脓托毒。

（2）方药。仙方活命饮合五味消毒饮。

（二）外治

1. 急性淋巴管炎（红丝疔）

（1）若红丝细的宜用砭镰法，局部皮肤消毒后，以刀针沿红丝行走途径，寸寸挑断，并用拇指和食指轻捏针孔周围皮肤，微令出血，或在红丝尽头挑断，挑破处均盖贴太乙膏掺红灵丹。

（2）初期可外敷金黄膏、玉露散，若结块成脓，则宜切开排脓，外敷红油膏；脓尽改用生肌散、白玉膏收口。

2. 急性淋巴结炎（痰毒、痈）

（1）初起用金黄膏或金黄散，以冷开水或醋等调成糊状外敷。热盛者，可用玉露膏或玉露散外敷，或太乙膏外敷，掺药均可用红灵丹或阳毒内消散。

（2）成脓宜切开排脓，以得脓为度。

（3）溃后先用药线蘸八二丹插入疮口，3~5 天后改用九一丹，外盖金黄膏或玉露膏。待肿势消退十之八九时，改用红油膏盖贴。脓腐已尽，见少量透明浅色黏液者，宜生肌收敛，改用生肌散、太乙膏或生肌白玉膏、生肌玉红膏盖贴。

（4）有袋脓者，可先用垫棉法加压包扎，如无效可扩创引流。

第六节　手部急性化脓性感染

手部急性化脓性感染中，以甲沟炎和脓性指头炎较常见，手掌侧化脓性腱鞘炎、滑囊炎和掌深间隙感染均属于手掌深部的化脓性感染。手部急性化脓性感染相当于中医学的“手部疔疮"，是指因外伤后感染毒邪，火毒阻于皮肉，患处出现红肿剧烈疼痛，容易损骨的急性化脓性疾病。常见的有蛇眼疔（甲沟炎）、蛇头疔（化脓性指头炎）、蛇腹疔（化脓性腱鞘炎）、托盘疔（掌中间隙感染）等。

一、治疗

感染早期，平置患侧手臂；患处外敷药物或理疗；服用抗生素。已形成脓肿者，应积极切开引流。

二、中医治疗

（一）内治

1. 火毒凝结证

（1）治法。清热解毒。

（2）方药。五味消毒饮、黄连解毒汤。

2. 热盛肉腐证

（1）治法。清热透脓托毒。

（2）方药。五味消毒饮、黄连解毒汤加皂角刺、炙山甲等。

（二）外治

1. 初期

金黄膏或玉露膏外敷。蛇眼疔也可用10%黄柏溶液湿敷。

2. 溃脓期

脓成应及早切开排脓，一般应尽可能循经直开。

3. 收口期

脓尽用生肌散、白玉膏外敷。若胬肉高突，修剪胬肉后，用平胬丹或枯矾粉外敷；若已损骨，久不收口者，可用2%～10%黄柏溶液浸泡患指，每日1～2次，每次10～20分钟。若有死骨存在，可用七三丹提脓祛腐，待死骨松动时用血管钳或镊子钳出死骨。筋脉受损导致手指屈伸障碍者，待伤口愈合后，用桂枝、桑枝、红花、丝瓜络、伸筋草等煎汤熏洗，并加强患指屈伸功能锻炼。

第七节　全身化脓性感染

全身性感染是指致病菌侵入人体血液循环，并在体内生长繁殖或产生毒素面引起的严重的全身性感染或中毒症状，目前通常指脓毒血症和菌血症。脓毒血症是有全身性炎症反应表现，如体温、循环和呼吸等明显改变的外科感染的统称。菌血症是脓毒血症中的一种，指血培养检出病原菌者，此概念不限于以往的一过性菌血症，目前多指临床有明显感染症状的菌血症。本病属中医学“走黄与内陷”范畴。走黄与内陷为疮疡阳证疾病过程中，因火毒炽盛，或正气不足，导致毒邪走散，内攻脏腑的危险证候。继发于疔疮的常称为走黄；因疽毒或疔以外的其他疮疡引起者称为内陷。

走黄的特点是疮顶忽然凹陷，色黑无脓，肿势迅速扩散，伴见心烦急躁、神志昏愦等证；内陷的特点是肿疡隆起的疮顶忽然凹陷，或溃疡脓腐未净面忽然干枯无脓，或脓净红活的疮面忽变光白板亮，同时伴邪盛热极、正虚邪盛或阴阳两竭的全身证候。根据病变的不同发展阶段，其临床表现分为 3 种，发生于有头疽的 1~2 候毒盛期的称火陷；发生于 2~3 候溃脓期的称干陷；发生于 4 候收口期的称虚陷。

一、治疗

1. 处理原发感染灶

明确原发感染灶的部位，清除坏死组织，消灭无效腔，充分引流。疑有静脉导管感染时，应拔除导管并做细菌培养。

2. 应用抗生素

在细菌培养及药物敏感试验结果报告前，根据原发感染灶性质选用抗生素，以后再根据检查结果调整。发生真菌性脓毒症时，尽量停用广谱抗生素，改用有针对性的窄谱抗生素和抗真菌药物。

3. 其他处理

补充血容量、输新鲜血、纠正低蛋白血症等；控制高热；纠正水电解质紊乱和酸碱失衡；对感染累及重要脏器以及伴发其他严重疾病者，给予相应处理。

二、中医治疗

（一）内治

1. 走黄毒盛入血证

（1）治法。凉血清热解毒。

（2）方药。五味消毒饮、黄连解毒汤、犀角地黄汤三方合用。

2. 内陷邪盛热极证

（1）治法。凉血清热解毒，养阴清心开窍。

（2）方药。清营汤合黄连解毒汤、安宫牛黄丸或紫雪散，加皂角刺、穿山甲。

3. 内陷正虚邪盛证

（1）治法。补养气血，托毒透邪，佐以清心安神。

（2）方药。托里消毒散、安宫牛黄丸。

4. 内陷脾肾阳衰证

（1）治法。温补脾肾。

（2）方药。附子理中汤。

5. 内陷阴伤胃败证

（1）治法。生津益胃。

（2）方药。益胃汤。

（二）外治

（1）疮顶陷黑处用八二丹，盖以金黄膏，四周用金黄散或玉露散冷开水调敷，并时时湿润。或用药制苍耳虫10～15条捣烂，外敷患部，盖贴金黄膏。其他参照原发疔疮外治法。

（2）清开灵稀释后静脉滴注。

第八节　破伤风

破伤风是指破伤风杆菌侵入人体伤口，生长繁殖并产生毒素而引起的一种特异性感染。中医学认为，破伤风是指皮肉破伤，风毒之邪乘虚侵入而引起发痉的一种急性疾病。外伤所致者，又称“金创痉”；产后发生者，称“产后痉”；新生儿断脐所致者，称“小儿脐风”或“脐风撮口”。临床上以外伤所致者最常见。其特点是有皮肉破伤史，有一定的潜伏期，以发作时呈现全身或局部肌肉的强直性痉挛和阵发性抽搐为主要特征。间歇期全身肌肉仍持续性紧张收缩，可伴有发热，但神志始终清醒，多因并发症而死亡。

一、防治

1. 预防

创伤后早期彻底清创，改善局部循环，是预防的关键；此外，人工免疫可使人体产生较稳定的免疫力，包括自动和被动两种方法。

（1）自动免疫法。也称主动免疫法，以安全可靠的破伤风类毒素为抗原，注射后可产生抗体，应推广接种。小儿对本病的主动免疫可与白喉、百日咳等疫苗联合应用而获得，合称“百白破”疫苗。

（2）被动免疫法。未接受自动免疫者，伤后尽早皮下注射破伤风抗毒素（TAT）。对深部创伤、有潜在厌氧菌感染可能的患者，应在1周后追加注射1次TAT。TAT过敏试验阳性者，应按脱敏法注射。

2. 治疗

（1）清除毒素来源。彻底清除坏死组织和异物，敞开伤口充分引流，局部可用3%过氧化氢溶液或1∶5 000高锰酸钾溶液冲洗和湿敷。

（2）中和游离毒素。①破伤风抗毒素可中和游离毒素，因此应在破伤风毒素与神经组织结合前尽早注射。避免剂量过大引起过敏反应和血清病。②破伤风免疫球蛋白在早期应用有效，一般只做深部肌内注射1次。

（3）控制和解除痉挛。这是治疗的中心环节。让患者住隔离病房，避免声、光等刺激；根据病情交替使用镇静及解痉药物，但新生儿破伤风时慎用，以免影响呼吸。

（4）防治并发症。①主要为呼吸道并发症，如窒息、肺不张和肺部感染等。抽搐频繁不易控制者，尽早气管切开，必要时机械通气。②抽搐时防止意外发生。③青霉素不仅可防治肺部感染，而且对破伤风杆菌有抑制和杀灭作用。④严格无菌操作，防止交叉感染；⑤纠正营养失调和水电解质失衡。

二、中医治疗

以熄风、镇痉、解毒为原则。

（一）内治

1. 风毒在表证

（1）治法。祛风镇痉。

（2）方药。玉真散合五虎追风散。新生儿破伤风，内服撮风散。

2. 风毒入里证

（1）治法。祛风止痉，清热解毒。

（2）方药。木萸散。

3. 阴虚邪留证

（1）治法。益胃养津，疏通经络。

（2）方药。沙参麦冬汤。

（二）外治

（1）彻底清创术，开放创口，可外敷玉真散，隔日换药 1 次；创面有残余坏死组织时，可外用七三丹、红油膏；创面干净，脓尽新生，用生肌散、生肌白玉膏。

（2）针刺疗法。牙关紧闭，取下关、颊车、合谷、内庭；角弓反张，取风池、风府、大椎、长强、承山、昆仑；四肢抽搐，取曲池、外关、合谷、后溪、风市、阳陵泉、太冲、申脉。一律采用泻法，留针 15~20 分钟。

第九章　中毒性疾病

第一节　急性中毒的一般救治原则

急性中毒是指短时间内毒物通过吞食、吸入、皮肤吸收或注射等途径进入人体内，引起急性病理生理改变甚至死亡。临床上根据毒物种类将急性中毒分为化学性毒性（包括药物性、工业性、农业性和日常生活性毒物）、植物性和动物性中毒。

发现中毒后应立即按照急救中毒的一般救治原则救治。总体的原则是维持生命及避免毒物继续作用于机体。

一、毒物的排除

1. 吸入性中毒

吸入性中毒（一氧化碳等）应立即脱离现场，呼吸新鲜空气，吸氧，及时吸出呼吸道分泌物，保持呼吸道通畅。

2. 接触性中毒

接触性中毒应立即脱去污染的衣物，用清水彻底清洗体表。皮肤接触腐蚀性毒物者，冲洗时间要求达 15 ~ 30 分钟，并选择适当的中和液或解毒液冲洗。

3. 食入性中毒

（1）催吐。适用于神志清醒者。常用吐根糖浆、阿扑吗啡进行催吐。

（2）洗胃。服药后 4～6 小时内效果最佳。但要注意禁忌证。

（3）导泻和灌肠。对腐蚀性毒物或患者极度虚弱时应禁忌。

（4）利尿。肾衰者不宜采用强化利尿。

（5）血液净化。适用于重度中毒患者常伴心、肾功能受损。血液净化的方法有腹膜透析、血液透析、血液灌流、血浆置换、全血置换等。

二、对症支持治疗

支持对症治疗的目的在于保护及恢复重要脏器功能体的正常代谢状态，帮助危重症患者转危为安。

（1）卧床休息、保暖、密切观察生命体征。

（2）输液或鼻饲维持营养、纠正水、电解质及酸碱平衡紊乱。

（3）昏迷患者注意保持呼吸道通畅，定期翻身以免发生肺炎和褥疮。

（4）根据具体情况适当选用抗菌药物，预防和治疗继发感染。

（5）通过补液或药物维持患者正常血压及心功能。

（6）中毒性脑病的支持治疗要重视护理工作及营养补充，同时积极采用脱水、降温、高压氧治疗，适当的药物抗惊厥等方法。

（7）对因麻醉剂过量而抑制呼吸中枢者采用纳洛酮静推较为有效。抢救中毒性肺水肿，应积极进行氧疗，配合加压辅助呼吸及使用大量肾上腺皮质激素。

（8）中毒性高热必须物理降温。如果没有禁忌可考虑同时用氯丙嗪化学降温。

（9）中毒性肾功能衰竭患者的主要措施是尽早进行血液透

析或腹膜透析尽快清除体内的毒物。

第二节　急性中毒的一般救治药物

急性中毒的救治首先维持生命中枢功能（呼吸系统功能、循环系统功能、中枢神经功能等）的同时，要防止毒物进一步吸收和加快毒物的排除。

一、阻止毒物吸收

1. 吐根糖浆

催吐剂，一般 15～30 分钟可呕吐，必要时可重复 1 次。

2. 硫酸锌

临床利用其口服易引起消化道反应如恶心、呕吐、腹泻的不良反应，用于药物及农药中毒时的催吐。催吐时口服，若 15～30 分钟内未引起呕吐可再服 1 次。禁用于中毒后神志不清、昏迷、抽搐、溃疡病患者。

3. 硫酸铜

口服对胃肠道有较强的刺激作用，并可反射性引起呕吐，临床上可用于农药及药物中毒的催吐。口服，如 15～30 分钟不发生呕吐可再服 1 次。禁用于中毒后神志不清、昏迷、抽搐、溃疡病患者。

4. 阿扑吗啡

主要用于误食毒物以及不能实行洗胃术的患者。皮下注射 5～10 分钟后先出现恶心、面色苍白，继而发生呕吐。不得重复使用。注意事项：用量过大可引起持续性呕吐。对中枢已被抑制者难以奏效，甚至可加重其抑制作用。若与对中枢神经系统起抑制作用的药物如吩噻嗪类配伍用可导致严重的呼吸循环衰竭。士的宁或误服强酸强碱等腐蚀剂的中毒者禁用，也禁用于心衰、休克前期、癫痫发作前兆，酗酒状态、阿片、巴比妥类的或其他中枢神经抑制药导致的麻痹状态。

5. 碳酸氢钠

用于苯巴比妥、阿司匹林等药物中毒解救，加快排出。代谢性酸血症及酸中毒休克、高钾血症。农药中毒时洗胃。用于农药中毒时洗胃，1%~2%溶液。禁用于美曲磷酯中毒、灭鼠药中毒时的洗胃。

6. 高锰酸钾

农药（有机磷等）或巴比妥类药物中毒时洗胃。中毒时洗胃用0.01%~0.02%水溶液。禁用于二嗪磷等硫代硫酸酯类及除虫菊酯类农药中毒、有机汞类化合物中毒。

7. 硫酸镁

用于农药、药物中毒时导泻洗肠。注意事项：中枢神经抑制药（苯巴比妥等）中毒忌用本品导泻，用硫代硫酸钠代替；肾功能不全、心肌损害、心脏传导阻滞、呼吸疾病患者慎用；老年人及月经期妇女慎用，孕妇和急腹症患者不能用于导泻。

8. 硫酸钠

适用于药物、农药及食物中毒时洗肠排毒，特别适用于中枢抑制药物中毒时的导泻，也可用于钡盐中毒。中毒导泻同时大量饮水加快导泻速度。心血管和肾病患者、孕妇忌用。

9. 药用炭

主要用于食物、农药及药物中毒时吸附排毒。中、重度中毒者应合并七水硫酸镁服用，重度中毒患者应在服用前先洗胃排毒。注意事项：给药及时足量，并要求多次给药。药用炭对重金属、锂盐、乙醇无吸附作用，不能用于这些物质物中毒。

二、加速毒物排泄药

1. 呋塞米利尿药

药物、食物和农药及其他毒物中毒时，可加速排泄。中毒时利尿，口服或静脉注射，同时大量饮水或静脉滴注葡萄糖溶液或生理盐水，必要时重复多次给药。注意事项：耳毒性，大剂量静脉注射可使听力下降，应避免与其他具有耳毒性的药物合用。孕妇、哺乳期及肝性脑病患者禁用。晚期肝硬化、糖尿病、严重心力衰竭及系统障碍者慎用。注射剂静脉注射时应用生理盐水稀释，不宜用葡萄糖液稀释。

2. 甘露醇脱水剂

用于巴比妥类、水杨酸类或其他从尿中排出的药物中毒的解救，甘露醇可以维持高尿量，以加速药物的排出。有机磷农药中毒的导泻可用治疗药物中毒可先静脉注射，继以静脉滴注。有机磷农药中毒导泻使用 20% 甘露醇灌肠。注意事项：气温较低时易析出结晶，可用热水（80℃）温热，振摇溶解后使用。心功能不全、活动性颅内出血及尿闭患者禁用。

3. 山梨醇

用于毒物、药物中毒时，增加尿量，加速排泄。用于治疗药物中毒时参见甘露醇。注意事项：可引起乳酸性酸中毒，糖尿病患者静脉滴注时应谨慎。

三、呼吸兴奋药

1. 尼可刹米

用于各种原因引起的呼吸抑制。注意事项：抽搐、惊厥、重症哮喘、呼吸道机械性梗阻禁用；妊娠及哺乳期妇女慎用；作用时间短暂，1 次静脉注射只能维持作用 5~10 分钟，应视病情间隔给药。

2. 多沙普仑

用于呼吸衰竭。主要用于麻醉时呼吸抑制的处理以及苯二氮卓类中枢抑制药及其他原因引起的呼吸抑制。注意事项：孕妇、哺乳期妇女、心脏病、阻塞性呼吸道疾病患者及12岁以下儿童慎用。用药时常规测定血压和脉搏，以防止药物过量。剂量过大时可引起血压升高、心率加快、甚至出现心律失常。静脉注射漏到血管外或静脉滴注时间太长，均能导致血栓静脉炎或局部皮肤刺激。静脉滴注速度不宜太快，否则可引起溶血。禁与碱性溶液配伍。惊厥、癫痫、重度高血压、嗜铬细胞瘤、甲状腺功能亢进症、冠心病、颅高压、严重肺部疾患者禁用。

3. 二甲弗林（回苏灵）

用于各种原因引起的中枢性呼吸衰竭、麻醉药、催眠药所致的呼吸抑制及外伤、手术等引起的虚脱和休克。注意事项：有惊厥史及肝肾功能不全者、孕妇及哺乳期妇女禁用；儿童、老年患者慎用；静脉注射时应缓慢滴注，并应随时根据病情调整剂量。

四、中枢兴奋药

1. 哌甲酯（利他林）

临床常用于对抗巴比妥类、水合氯醛或其他镇静、催眠药过量所致的中枢抑制和其他原因引起的呼吸抑制。催眠药中毒时采用皮下、肌内注射或静脉注射给药。注意事项：静脉注射时宜缓慢推注；三环类抗抑郁药中毒时不能用本品对抗中枢抑制；由于本品在对抗苯巴比妥中枢抑制作用的同时，也可抑制苯妥英钠、扑癫酮及苯巴比妥的代谢，应予以注意；与其他中枢兴奋药具有协同作用，合用时应注意减量。

2. 苯丙胺

用于发作性睡病、肥胖症、儿童多动症及中枢抑制药中毒等。肌内注射用于对抗中枢抑制药中毒。

第三节　常见的药物中毒

一、阿片类药物中毒

阿片类药物具有强力镇痛作用，主要用于镇痛、止咳、止泻、麻醉及治疗心源性哮喘等，过量或频繁使用可致中毒。皮下注射吗啡的毒性较口服强 2~4 倍。阿片类药物主要激动体内的阿片受体，对中枢神经系统先兴奋，后抑制，但以抑制为主，首先抑制大脑皮层的高级中枢，以后逐渐至延髓，抑制呼吸中枢并兴奋催吐化学感应区。吗啡尚能兴奋脊髓。大剂量吗啡尚可抑制延髓血管运动中枢和释放组胺，使周围血管扩张致低血压和心动过缓。慢性肝病、慢性肺病等患者更容易发生中毒，饮酒者即使治疗剂量也可导致中毒。巴比妥类等催眠药与本类药物有协同作用，合用易致中毒。

1. 临床表现及诊断

（1）急性中毒。轻度急性中毒患者仅有头痛、头昏、恶心、呕吐、颜面潮红、心动过速、兴奋或抑郁、口渴、呼吸有阿片味，肌张力先增强而后弛缓、出汗、皮肤发痒、幻想、尿潴留及血糖升高等；重度者则有发绀、肌肉无力、昏睡、呼吸深而慢、惊厥、牙关紧闭和角弓反张等，进一步呼吸抑制、针尖样瞳孔、迅速进入昏迷状态、继而出现休克现象及瞳孔扩大等。急性中毒 12 小时内多死于呼吸麻痹，幸存者可并发肺部感染。

（2）慢性中毒。当持续应用或经过一个短时间后（1 周至 1

个月或更久）容易发生成瘾性，主要表现为胃肠道反应、身体消瘦、血管损害、皮疹、出汗、皮肤或肌肉松弛等。成瘾的患者，一旦突然停药，则可出现“戒断症状”，如呕吐、腹泻、流泪、流涕、肌肉酸痛、不安、恐惧，甚至虚脱等表现。

（3）诊断。误服过量阿片类药物史；出现典型症状，如昏迷、针尖样瞳孔及高度呼吸抑制等；胃内容物和尿中可检出阿片类药物；注意排除巴比妥类、氯丙嗪、一氧化碳等急性中毒及其他疾病所致的昏迷。

2. 治疗原则及药物

保持呼吸道通畅，口服者洗胃，静脉输液，保持通道，维持水、电解质平衡，监测生命体征，注意呼吸、心肺功能，脑水肿的症状体征。多药滥用时应注意意识状态和惊厥发作，对症处理。

（1）尽快排出毒物。如采用洗胃和导泻的方法阻止毒物吸收。

（2）应用利尿剂或高渗葡萄糖注射液尽快促使毒物排出体外。

（3）保持呼吸道通畅。吸氧，监测呼吸频率、血氧饱和度。必要时行气管插管或气管切开，人工通气。呼吸中枢兴奋剂尼可刹米、络贝林、二甲弗林等联合应用或交替使用。呼吸抑制时可用阿托品刺激呼吸中枢。

（4）对症治疗。昏迷者应用抗菌药物预防和控制感染，维持水、电解质及酸碱平衡；注意保温，加强护理。

（5）使用特效解毒剂。临床常用吗啡拮抗剂纳洛酮和烯丙吗啡。

纳洛酮用于解救阿片类药物、镇静催眠药及酒精的急性中毒。纳洛酮具有极强的对抗吗啡的呼吸抑制和催醒作用，对吗啡中毒者，肌内或静脉注射小剂量就能迅速翻转吗啡的作用，

1~2 分钟就可消除呼吸抑制现象，增加呼吸频率。注意事项：成瘾母亲的新生儿禁用本品；有高血压及心功能不全者慎用；对吗啡等高度依赖患者，大量吗啡所致急性中毒时应用本品可诱发严重戒断症状，严重者可危及生命；密切观察呼吸、心率、血压等生命体征的变化，如有异常及时处理。

盐酸烯丙吗啡主要用于阿片受体激动药的急性中毒。用于母亲应用吗啡类药物引起新生儿窒息。烯丙吗啡能迅速对抗吗啡和其他与吗啡结构相似镇痛药的许多作用，如欣快症、镇痛、催眠，呼吸抑制、催吐、缩瞳以及胃肠道平滑肌痉挛等作用，用后 3~4 分钟呼吸可恢复正常、紫绀消失、反射恢复。同时能使镇痛药物成瘾者迅速出现戒断现象。注意事项：本品对巴比妥类或其他全身麻醉药引起的呼吸抑制无效，并能加深其抑制；在无麻醉性药物存在时，使用本品可产生相当于麻醉性药物治疗剂量所引起的呼吸抑制；本品对喷他佐辛（镇痛新）和其他阿片受体激动—拮抗药及左美丙嗪引起的呼吸抑制无效；可诱发吗啡样药物高度依赖性患者的戒断症状；久用可产生耐受性与依赖性。

二、巴比妥类药物中毒

巴比妥类药物对中枢神经系统呈全面抑制作用，依据给药剂量不同可呈现镇静、催眠、抗惊厥和麻醉作用。

1. 临床表现及诊断

（1）急性巴比妥类药物中毒主要表现在中枢神经系统和心血管系统。药物口服剂量不同，中毒程度不一。

（2）轻度中毒患者反应迟钝、嗜睡、言语不清、判断和定向障碍；瞳孔缩小，对光反应存在。

（3）中度中毒近似醉酒时的酩酊状态，昏睡，呼吸浅慢，手指眼球有震颤；瞳孔缩小，对光反应迟钝。

(4) 重度中毒患者深度昏迷，呼吸变慢或浅快，或呈潮式呼吸，血气分析有缺氧或（和）伴有二氧化碳潴留，早期四肢强直，对光反射及深度反射尚可存在一段时间。后期全身松弛，瞳孔散大，各种反应消失，血压下降，少尿或无尿，最终可因肾功能、呼吸和循环衰竭而死亡。

诊断主要依据服药史和临床表现，确诊靠胃内容物、尿液中特别是血液中药物的定性及定量检测。

2. 治疗原则

对于中、长效巴比妥类药物中毒，一般支持疗法很重要；对短效巴比妥类药物中毒，要特别注意呼吸、循环衰竭的抢救。

(1) 排出毒物。误服药物未超过 3 小时，可用大量温水或 1 :(2 000~5 000) 的高锰酸钾溶液或 0.9%氯化钠注射液洗胃，或用上述洗胃液体洗肠，或洗胃完毕后用硫酸钠导泻，或给予药用炭吸附未被吸收的药物。

(2) 应用利尿剂。利尿可缩短所有巴比妥类药物中毒患者的昏迷时间，并使血浆中巴比妥类药物浓度下降较快。

(3) 对症治疗。对巴比妥类药物中毒的昏迷者可采用中枢兴奋药治疗；患者出现皮疹时，可用抗组胺药物；若发生剥脱性皮炎，可用可的松、地塞米松等治疗。

(4) 保持气道通畅和换气，吸氧。必要时行气管切开或气管插管。

(5) 碱化尿液。有利于巴比妥类药物由周围组织释放并经肾脏排泄。

(6) 呼吸兴奋剂的使用。

(7) 抗休克治疗、透析治疗等。

3. 药物治疗

药物治疗在彻底洗胃、导泻等常规治疗原则的基础上，可应用以下药物治疗。

（1）利尿剂可加速毒物排泄。

呋塞米口服，为避免发生电解质紊乱，应从小剂量开始，间歇给药。也可肌内注射或稀释后缓慢静脉注射。

甘露醇注射液。需注意水、电解质平衡，丧失的水和钠、钾等电解质，应及时补充。

（2）深度昏迷、呼吸明显受到抑制者可使用中枢呼吸兴奋药，但注意控制药量及滴速，避免发生惊厥及心律失常，增加机体耗氧。

尼可刹米用于中枢性呼吸循环衰竭、麻醉药及其他中枢抑制药的中毒。

印防己毒素主要用于巴比妥类药物中毒所致呼吸抑制的治疗。注意事项：较大剂量易引起惊厥，不宜用于解救吗啡类中毒，以免加重脊髓兴奋而引起惊厥。

贝美格用于巴比妥类及其他催眠药的中毒。注意事项：急性血卟啉症慎用；用量不宜太大，静脉滴注速度不宜过快。

（3）碱化尿液可采用乳酸钠及碳酸氢钠溶液。

（4）纳洛酮治疗。纳洛酮对非麻醉药品过量、休克、脑梗死、新生儿呼吸抑制、镇静催眠药中毒具有较好的治疗效果。

三、阿托品类药物中毒

阿托品类药物包括颠茄，阿托品，莨菪碱以及东莨菪碱。阿托品类药物主要阻断 M 胆碱能受体，对抗乙酰胆碱和其他拟胆碱药的毒蕈碱样作用，能解除平滑肌的痉挛（包括解除血管痉挛）；抑制腺体分泌；解除迷走神经对心脏的抑制，使心跳加快；散大瞳孔，使眼压升高；兴奋呼吸中枢。较大剂量可兴奋延髓和大脑，患者出现焦虑不安、多言、谵妄；中毒剂量常致幻觉、定向障碍、运动失调和惊厥等，也可由兴奋转入抑制，出现昏迷及呼吸麻痹。阿托品是临床上抢救有机磷中毒及休克的常用药物，在治疗过程中，阿托品的中毒又往往是造成患者死亡及增加严重后遗症的一大原因。

1. 症状及临床表现

阿托品类药物中毒时，患者极度口干、瞳孔扩大、视力模糊、皮肤干燥潮红、心动过速。由于汗液分泌停止，患者出现40℃以上的高热，还可出现恶心，呕吐，尿急，尿潴留，腹胀，便秘等症状，以后可出现烦躁不安、多言、谵妄、幻觉、定向障碍、运动兴奋、强直性或阵挛性惊厥，严重中毒时可由兴奋转入抑制，出现昏迷及呼吸肌麻痹而死亡。曼陀罗中毒无发热、皮肤红等征象。莨菪碱中毒一般不表现中枢兴奋作用。

2. 治疗原则及药物

主要是对症治疗、促进中毒药物排泄及预防并发症。

（1）口服中毒者采用催吐，洗胃，导泻以清除未吸收的阿托品。

（2）躁狂、惊厥时，可选用安定、短效巴比妥类药物、水合氯醛等镇静剂，禁用吗啡和长效巴比妥类药物。如果已发生中枢抑制，则忌用镇静剂。

（3）呼吸抑制时使用尼可刹米，同时吸氧，必要时辅助呼吸。

（4）对高热者进行物理降温，高度腹胀者给予胃肠减压，大量输液、利尿剂加速中毒药物的排泄。

（5）对抗阿托品类药物中毒的拟胆碱药物主要有毛果芸香碱、新斯的明。

四、强心苷类药物中毒

常用的强心苷类药物有地高辛、洋地黄、洋地黄毒苷、毛花苷丙及毒毛花苷 K 等。中毒量强心苷可严重抑制 Na-K-ATP 酶，使细胞内 Na^{+}、Ca^{2+} 大量增加，也使细胞内 K^{+} 量明显减少，后者导致心细胞自律性增高，传导减慢，容易引起心律失常。强心苷类药物中毒量可使窦房结的自律性明显降低，下级起搏点自律性增强；窦房和房室间以房内传导减慢，心房结和心室肌不应期延长。心律失常和心衰加重，是洋地黄中毒致死的主要原因。

1. *症状及临床表现*

强心苷类药物中毒可引起各种心律失常。应用强心苷过程中心律突然转变是诊断中毒的重要依据。常见的是室性早搏，约占 33%；其次为房室阻滞约为 18%；房室结性心动过速为 17%；房室结代节律为 12%；房室过速兼房室阻滞为 10%；室性过速为 8%；窦性停搏为 2%。应用强心苷过程中窦性心律转为房性心动过速伴有房室传导阻滞是中毒的特征性表现。中毒量可兴奋延脑极后区催吐化学感受区而引起呕吐。严重中毒时还引起中枢神经兴奋症状，如行为失常、精神和外周两方面影响。这也参与了中毒量所致的心律失常的发病过程。此外还包括胃肠道反应、黄视或绿视的视觉改变。

2. *治疗原则及药物*

（1）立即停药。如口服大剂量强心苷类药物 8 小时以内，用常规疗法洗胃，并予硫酸钠导泻。绝对保持患者静卧。轻度洋地黄中毒停药后一般无须特殊治疗，仅在出现严重心律失常时才考虑用药物治疗。

（2）对症治疗。有低血钾者应予补钾，并停用排钾利尿药。恶心、呕吐较剧烈可予以甲氧氯普胺口服或肌内注射。出现心律失常者采用心律失常药治疗，苯妥英钠、利多卡因是最为安全有效的药物。

苯妥英钠适用于洋地黄中毒所致的室性及室上性心律失常及三环类抗抑郁药中毒所致的心律失常。注意事项：阿-斯综合征、低血压、严重心、肝功能不全者均应禁用；孕妇及哺乳妇女慎用；静脉注射时速度不宜过快。

利多卡因对洋地黄中毒所致的室性心律失常有效，若剂量适合，疗效较其他静脉注射抗心律失常药好，不良反应亦较小。还可用于阿司咪唑等抗组胺药中毒所致的心律失常、心脏骤停的抢救。老年人及肝功能不良、严重心衰或休克者应减量。注意事项：严重房室传导阻滞、室内传导阻滞者、孕妇禁用。

阿托品用于治疗洋地黄中毒所致缓慢心律失常有效。

门冬氨酸钾镁适用于心肌代谢障碍所致的心绞痛、心肌梗死等，对洋地黄类药物中毒引起的心律失常有效。注意事项：高血钾症、高血压及严重肾功能障碍者及房室传导阻滞患者、心源性休克（血压低于 90 毫米汞柱）禁用。除洋地黄中毒外，其他房室传导阻滞者慎用。本品不能肌内注射或静脉推注，滴注时速度不宜过快。不宜与保钾利尿药合用。

五、苯二氮卓类药物中毒

苯二氮卓类是目前临床应用最多的一类镇静催眠药物。自杀吞服过量是主要中毒原因。

1. 症状及临床表现

临床表现主要在肌肉和中枢神经系统方面，如出现肌无力，肌张力低下，共济失调，发音困难，嗜睡。个别患者可发生兴奋躁动，精神错乱或谵妄。严重中毒者可出现昏迷、瞳孔散大、呼吸抑制、休克、脉搏快速、尿少、腱反射消失，这些严重症状多见于合并其他精神药物中毒者。

2. 治疗原则及药物

（1）清除毒物。可用 1∶5 000 高锰酸钾溶液洗胃，用硫酸钠导泻。

（2）促排泄。用5%葡萄糖加入维生素C静脉滴注。并给予呋塞米。

（3）呼吸抑制时可给氧、人工呼吸、适时给予呼吸兴奋药。

（4）药物治疗。纳洛酮可改善患者的呼吸及心血管功能。胞磷胆碱作为脑代谢激动剂，可改善大脑功能促进苏醒。

六、抗癫痫类药物中毒

多见于长期用药的癫痫患者自服过量或错用药物。有的是将其加在中药制剂中，由于混合不均匀或患者不知情的情况下导致患者过量中毒。

不同的药物中毒临床表现不尽相同，治疗原则也有一定的差异。

（1）苯妥英钠中毒临床表现轻度中毒时有恶心、呕吐，甚至呕血、上腹部剧痛、吞咽困难、头痛、眩晕、心悸、震颤、复视、视物模糊、言语不清、眼睑下垂等；当血中浓度大于40微克/毫升时即可出现急性中毒症状，如眼球震颤、复视、共济失调等，超过50微克/毫升时则可发生严重的昏睡以致昏迷状态。苯妥英钠中毒治疗原则：①尽快催吐，然后用生理盐水或1%~4%鞣酸液洗胃，再用硫酸钠导泻。②静脉滴注10%葡萄糖以加速排泄。③有呼吸抑制者可用烯丙吗啡静脉注射。④有心动过缓或传导阻泄时可用阿托品治疗，血压下降者可用升压药。⑤谷氨酸及氨基丁酸对抗惊厥并促进大脑机能障碍的恢复。⑥口服叶酸、维生素B_6、维生素B_4、利血生，可防止其对造血系统的影响。

（2）卡马西平中毒临床表现呼吸不规则及呼吸抑制；心律不齐、血压升高或者降低、休克或传导紊乱，一般不常见；意识丧失、昏迷、躁动、肌肉痉挛、震颤、窒息、角弓反张、共济失调、瞳孔散大、眼球震颤、先反射亢进，后迟钝。胃肠道症状有恶心、呕吐；其他有无尿或少尿、尿潴留、心电图可出现异常。卡马西平中毒治疗原则：①应立即催吐洗胃，尽量减少毒物的吸收。②从胃管中灌入药用炭混悬液以吸附肠道中的药物。③输液利尿以加速排泄。④严重呼吸抑制者，应做气管插管给氧并行人工呼吸。⑤出现血压下降或休克时，可抬高下肢，并用升压药。⑥惊厥者可用地西泮或巴比妥类药物。⑦在严重中毒者血浓度超过中毒或致死浓度者并有肾衰竭时可考虑血液透析，儿童严重中毒者可能需要换血疗法。

（3）丙戊酸中毒临床表现急性中毒时可导致嗜睡、心肌梗死和深度昏迷、抢救不及时可发生死亡。丙戊酸中毒治疗原则：丙戊酸口服后吸收极快，所以洗胃的作用根据中毒时间的不同而有差异。立即采用一般对症的支持治疗是必要的，并应特别注意患者有足够的尿量。据报道，纳洛酮能扭转过量丙戊酸引起的中枢抑制作用，因为纳洛酮能拮抗丙戊酸的抗癫痫作用。

（4）乙琥胺中毒临床表现急性中毒时最早出现的为消化道症状如恶心、呕吐等。神经系统症状有嗜睡、眩晕、头痛、疲倦及呃逆，原有精神病史者可有不安、焦虑、冲动行为、注意力不集中。乙琥胺中毒治疗原则是立即洗胃，输液加速排泄，对症治疗。

七、呼吸系统常用药物中毒

1. 氨茶碱

大剂量口服、肌内注射、灌肠、静脉应用均可中毒。用药间隔时间过短，长期服用及静脉注射速度过快亦有中毒。部分患者有效血浆浓度和中度血浆浓度有交叉，增加了对个体药物剂量掌握的难度。

（1）立即停药并清除体内毒物。口服中毒，6 小时内不呕吐者，用清水或 1：5 000 的高锰酸钾液洗胃，用硫酸镁导泻。也可用胃管大量注入药用炭，使茶碱吸附于药用炭上而不被吸收，然后再予洗胃。

(2) 镇静、止惊。中毒早期的恶心呕吐和烦躁不安，可口服或肌内注射地西泮。有躁动、谵妄者可用 10% 水合氯醛灌肠（此药除镇静止惊作用外，尚可兴奋呼吸中枢，有利于痰的排除，很适合哮喘和慢支患者应用）。严重惊厥病例可应用苯巴比妥钠，硫喷妥钠。

(3) 纠正心血管系统并发症。心动过速患者可给予镇静剂，也可用普萘洛尔（哮喘者禁用），严重心律失常要立即吸氧，须住院进行连续心脏监护，做好机械通气准备，必要时进行除颤或心电复律。如有休克出现，应立即抗休克治疗（要注意拟肾上腺素类药物的应用会加重茶碱的毒性）。

(4) 过敏反应的抢救。立即吸氧、输液、静脉注射地塞米松，严重气管痉挛可试用气雾剂型的 β_2 受体兴奋剂，必要时气管插管。

(5) 补液和纠正酸中毒。一般先输入 5% 葡萄糖液，生理盐水，再根据血气分析补碱。尿多者一定要注意补钾。

(6) 脱水治疗可选用 20% 甘露醇快速静脉输入，也可用呋塞米静脉注射。呼吸衰竭时可应用尼可刹米。必要时可用阿托品、山莨菪碱扩张脑血管。

(7) 血中茶碱浓度超过致死浓度者可考虑血液透析治疗。

2. 麻黄碱

一般是由于临床用药过量或患者误服导致中毒。

(1) 催吐用 1：2 000 高锰酸钾液洗胃，后用硫酸镁导泻。

(2) 应用氯丙嗪对抗麻黄碱的中枢兴奋、升压作用及抗心室颤动作用，抑制呕吐中枢及抗惊厥作用，颉颃麻黄碱的主要毒性作用。中毒症状明显，可施行人工冬眠。

（3）对症治疗用地西泮、水合氯醛等，以控制惊厥；四肢末端保温，以减轻末梢血管收缩。

3. 可待因

同阿片类药物中毒。

4. 碘化物

5%的碘化钾溶液常作为祛痰药，因此误服过量是中毒的主要原因。大量碘化物可引起胃肠道的直接损伤出现胃肠炎，吸收后可致甲状腺的损害。成人口服中毒量为1克，致死量为2~4克。

症状及临床表现为恶心、呕吐、腹泻等。呼吸道充血时长期接受碘制剂的特征性损害，此损害可引起咽喉痛和咳嗽。甲状腺功能降低、肿胀，偶尔可引发甲状腺毒肿。

（1）立即停药可使大多数症状缓解，一般不需药物治疗。

（2）过敏性休克可立即用糖皮质激素、肾上腺素、抗组胺类药物。

（3）停药后甲状腺功能仍不恢复者，需服用甲状腺素片，从低剂量开始试用。

（4）大量误服后需用淀粉液洗胃，或用1%硫代硫酸钠溶液洗胃，洗胃后口服米汤、牛奶等保护胃黏膜。

第四节　农药中毒

一、有机磷农药中毒

有机磷农药是目前应用最广泛的农药，绝大多数为杀虫剂。有机磷农药毒性较大，易引起中毒事件，中毒后抢救难度大。急性有机磷农药中毒多因误服、自服或污染食物所致，或成批有机磷农药中毒多见于蔬菜污染，散发病例农村多于城市。这类农药的另一特点是在碱性环境中不稳定，因此，中毒后多数可用碱性溶液洗胃或冲洗接触部位。有机磷农药多为难逆性胆碱酯酶抑制剂，与胆碱酯酶结合形成磷酰化胆碱酯酶，胆碱酯酶活性被抑制，失去分解乙酰胆碱的能力，造成乙酰胆碱在体内蓄积而过度地作用于外周及中枢的胆碱受体，导致神经传导功能障碍，使机体功能丧失，出现一系列中毒症状。急性中毒可分为轻度、中度、重度中毒。

（1）清除毒物。用清水或肥皂水冲洗全身污染部位。眼部污染可用2%碳酸氢钠或0.9%氯化钠注射液冲洗。口服中毒用清水、0.9%氯化钠注射液、2%碳酸氢钠（敌百虫中毒时禁用）或1：5 000高锰酸钾（硫代硫酸酯类的对硫磷等中毒时禁用）反复洗胃，直至洗出液无农药气味为止。同时给予催吐和导泻。

（2）尽早给予足量特效解毒药。有机磷中毒常用的解救药物有阿托品和胆碱酯酶复活剂如氯解磷定、碘解磷定等。阿托品可对抗乙酰胆碱的毒蕈碱样作用，特别是能解除平滑肌痉挛，抑制支气管分泌，以保持呼吸道通畅，防止发生肺水肿。阿托品也可消除和减轻有机磷农药中毒的中枢神经系统症状，并能兴奋呼吸中枢，对抗呼吸中枢的抑制。氯解磷定、碘解磷定等肟类化合物能使磷酰化胆碱酯酶游离，恢复酶的活性。肟类化合物也能与血中的有机磷酯类直接结合成无毒物质由尿排出。肟类化合物对形成不久的磷酰化胆碱酯酶有作用，如经过数小时，磷酰化酶已老化，则酶的活性难以恢复，故此类药物应早期使用。

（3）积极防治休克、肺水肿、脑水肿，抗生素预防合并感染。

对轻度中毒，一般单独给阿托品或胆碱酯酶复活剂。

阿托品为有机磷农药中毒的特效解毒剂。此外还可用于氨基甲酸酯类农药、拟除虫菊酯杀虫剂等中毒的抢救。注意事项：确诊中毒后尽早用药；用药剂量及反应个体差异大，避免盲目大量滥用，以免造成阿托品中毒；应注意区分阿托品化和阿托品中毒，阿托品化越早越好，最迟不宜超过 12 小时。青光眼及前列腺增生患者禁用；脑损害、心脑病、溃疡性结肠炎等患者禁用。

碘解磷定用于有机磷农药中毒的解救。对中、重度中毒患者，因不能直接对抗体内已积聚的神经递质乙酰胆碱的作用，必须合用阿托品。对有机磷的解毒作用有一定的选择性。注意事项：对碘过敏者禁用；注射速度不宜过快，静脉注射时避免漏至皮下；有机磷中毒时间超过 36 小时的效果较差，应尽早应用；对慢性有机磷中毒引起的胆碱酯酶的抑制无复活作用；停药指征应以烟碱样症状是否消失为主，不可以胆碱酯酶活性是否恢复为标准；在碱性溶液中易水解为氰化物，忌与碱性药物配伍；粉剂较难溶解，溶解时可振摇或加温（40~50℃）；中重度中毒需与阿托品等抗胆碱药物合用；合用时应减量且不宜混合注入；不可与其他胆碱酯酶复活剂合用；用药过程中随时测血胆碱酯酶活性水平，作为用药监护指标。急性有机磷农药中毒应禁用葡萄糖注射液（尤其是高渗糖）。

氯解磷定药理作用比碘解磷定强，临床应用同碘解磷定。因其水溶性高，溶液较稳定、可肌内注射或静脉给药等优点，是解救有机磷农药中毒时，胆碱酯酶复活药中的首选药物。对有机磷的解毒作用有一定的选择性。注意事项：维生素 B_1 可增加氯解磷定血药浓度，增强其疗效；因半衰期短，不宜采用静脉滴注；其他同碘解磷定。

双复磷用于有机磷中毒。作用较迅速而持久，其特点能通过血脑屏障，对胆碱酯酶的复活效果比解磷定强。对中枢神经系统的症状有明显缓解作用，对有机磷农药中毒引起的烟碱样症状、毒蕈碱样症状及中枢症状均有效。注意事项同碘解磷定。本药不良反应较大，静脉注射可引起恶心、呕吐、口周及四肢麻木等，重者可致神经肌肉传导阻滞、心律失常。目前临床上较少使用。

二、氨基甲酸酯类农药中毒

氨基甲酸酯类农药按作用分为杀虫剂、除草剂、杀菌剂等。常用品种有甲萘威、仲丁威、叶飞散、杀螟丹、抗蚜威、速灭威、混灭威、异丙威、灭多威等，其可通过呼吸道、消化道、皮肤引起中毒。

氨基甲酸酯类农药中毒与有机磷农药中毒相似，主要是由于体内的胆碱酯酶被氨基甲酰化而失活，乙酰胆碱水解减慢，导致体内蓄积，引起一系列的M样和N样症状。临床表现也类似于有机磷农药中毒，但相对于有机磷农药其毒性小死亡率低，且氨基甲酰化胆碱酯酶比磷酰化胆碱酯酶容易复活，因此比有机磷农药中毒后恢复快。氨基甲酸酯类农药中毒的机制与有机磷农药相似，因此解救方法也基本相似，在维持呼吸系统、中枢神经系统、心血管系统的功能的前提下使用M受体阻断剂，如阿托品、山莨菪碱、樟柳碱等以对抗严重的M样症状和N样症状。使用剂量以维持阿托品化为准，与有机磷农药中毒最大的区别是氨基甲酸酯类农药中毒禁止用肟类化合物（碘解磷定、氯解磷定）解救。

三、有机氮农药中毒

有机氮杀虫剂主要有杀虫脒（氮苯脒）、杀螨脒、去甲杀虫脒等，其中以杀虫脒使用最多，可通过皮肤、呼吸道及胃肠道吸收中毒。其中毒机制目前尚不清楚。

1. 症状及临床表现

中毒症状主要包括神经系统症状，如头昏、乏力、神志恍惚、昏睡、反应迟钝、言语不清、最后陷入昏迷；高铁血红蛋白血症如皮肤黏膜发绀、呼吸困难；出血性膀胱炎，患者有尿频、尿急、尿痛、尿血等；消化道刺激症状有恶心、呕吐、腹痛或腹泻等；

严重中毒者可有心律失常、溶血、脑水肿、休克、多器官功能衰竭等。

2. 治疗原则及药物

(1) 迅速清除毒物。口服中毒用1%～2%碳酸氢钠彻底洗胃。皮肤污染，用肥皂水清洗。

(2) 解除高铁血红蛋白血症。

(3) 对症支持治疗。出血性膀胱炎者给予碳酸氢钠静脉滴注以碱化尿液，并给予抗生素预防尿路感染。有心律失常者采用心电监护，必要时给予抗心律失常药。

药物治疗采用小剂量的亚甲蓝，用25%葡萄糖注射液稀释后缓慢静脉推注。也可选用大剂量维生素C，目的是使有机氮农药中毒后引起的高铁血红蛋白的Fe^{3+}还原为Fe^{2+}以恢复其携氧功能，避免导致组织严重缺氧。

四、菊酯类和拟菊酯类农药中毒

常用的菊酯类农药有丰收菊酯、菊马乳油、氧乐菊酯、灭扫利、溴辛乳油以及敌杀死与灭害灵。拟除虫菊酯类农药是模拟天然除虫菊素由人工合成的一类杀虫剂，应用范围广、数量大，接触人群多，所以中毒病例屡有发生。拟除虫菊酯类农药主要包括氯菊酯、溴氰菊酯、氰戊菊酯、氯氰菊酯、二氯苯醚菊酯、戊菊酯、百树菊酯、丙烯菊酯、甲氰菊酯、氟氰菊酯、三氟氯氰菊酯、联苯菊酯、胺菊酯等。菊酯类及拟除虫菊酯类农药的中毒机理，目前尚未完全阐明。

1. 症状及临床表现

菊酯类农药中毒的主要表现是神经系统症状，如头痛、头昏、乏力、麻木、烦躁、精神萎靡、口腔分泌物增多，肌肉纤维颤动、抽搐乃至昏迷，也是其致死的主要原因。口服吸收者可先有恶心、呕吐、腹痛、腹泻、便血、流涎等消化道症状。该类农药还可引起血液中肾上腺素和去甲肾上腺素含量升高，导致心率增快、血压升高、心律失常。局部刺激症状有接触部位皮肤潮红、肿胀、疼痛、皮疹。重度中毒还可发生阵发性抽搐、重度意识障碍或肺水肿。

2. 治疗原则及药物

（1）清除毒物。无论皮肤污染或口服中毒均应及时用碱液清洗，以迅速分解毒物。

（2）对症处理。保持呼吸道通畅。防止误吸。抽搐、惊厥者可用地西泮或巴比妥类药物肌内或静脉注射。含氰基的品种中毒，可分别用硫代硫酸钠静脉注射和细胞色素 C 静脉滴注（应先做皮试），每日治疗 2 次。重症伴肺水肿或严重心肌损害，及有全身变态反应者（如哮喘）应加用糖皮质激素。发生过敏性休克反应者应立即皮下注射肾上腺素。输液利尿增加排毒，适当补充碳酸氢钠等碱性溶液，并给葡醛内酯（肝太乐）以利毒物分解、代谢，并排出体外。有报道氯丙嗪、普萘洛尔（心得安）、利血平可能对该类杀虫剂有增毒效应，应慎用。胃肠道症状一般也不主张使用阿托品，除非合并有机磷农药中毒或中毒出现肺水肿的重度中毒，可用少量阿托品治疗，但应注意避免过量造成阿托品中毒。

五、灭鼠药中毒

常用灭鼠药分为急性或单剂量药（磷化锌、氟乙酰胺、氟乙酸钠、毒鼠硅、毒鼠强）和慢性抗凝血灭鼠药或多剂量灭鼠药（杀鼠迷、杀鼠灵、溴敌隆、大隆、杀它仗等）两大类。前一类目前已被禁用。目前常用的是慢性抗凝血灭鼠药，这一类灭鼠药作用缓慢，有累积中毒作用。该类药物主要是通过抑制维生素 K、环氧化物还原酶阻止肝脏生产凝血酶原，破坏凝血功能；并可破坏毛细血管，导致血管通透性增强，引起出血，从而导致中毒动物出血衰竭而死亡。

1. 症状及临床表现

误食中毒者有恶心、呕吐、食欲缺乏、腹痛等。1~2 天后有全身出血症状，凝血时间、凝血酶原时间显著延长。

2. 治疗原则及药物

中毒者应立即清洗肠胃，排出毒物；同时给予大剂量维生素 K 竞争性对抗敌鼠钠盐的作用，对抗中毒反应。此外，可适当应用巴曲亭（注射用血凝酶）静脉注射，亦可合并使用大剂量维生素 C 和糖皮质激素以降低毛细血管的通透性。

维生素 K_1 是抗凝血类灭鼠剂的特效解毒剂肌内注射。注意事项：静脉注射速度超过 5 毫克/分钟出现面部潮红、出汗、胸闷等症状。严重时有支气管痉挛和血压下降；肌内注射可引起局部红肿和疼痛。

第五节　动物毒中毒

一、毒蛇咬伤

毒蛇有毒成分主要分为神经毒素和血液毒素两类。神经毒素主要通过影响突触后膜上的乙酰胆碱受体或抑制突触前乙酰胆碱释放，阻断神经与神经、神经与肌肉间的传导，引起横纹肌麻痹，常因呼吸肌麻痹致呼吸衰竭死亡；血液毒素包括凝血毒素、抗凝血毒素、纤维蛋白溶解毒素、溶血毒素、出血毒素、心脏毒素、磷脂酶 A2 和蛋白水解酶等。这些毒素可引起凝血、出血、溶血、毛细血管损伤、心肌变性坏死、组织细胞溶解破坏等。

1. 症状及临床表现

蛇毒的毒性很大，被毒蛇咬伤后会出现灼痛、刀割样疼痛、肿胀、皮下淤血、出血及组织坏死。早期会出现头痛、头晕、恶心、呕吐、出汗和感觉异常等全身应激症状。

对神经系统可致全身酸痛、四肢无力、麻木，甚至瘫痪、眼睑下垂、有视力模糊、声音嘶哑、吞咽和言语困难、流涎、共济失调、牙关紧闭等。尤其神经毒素对呼吸中枢的抑制作用是导致患者死亡的重要原因。对心血管系统的作用，可直接或间接地损害心肌，导致心肌炎症、出血坏死等；可破坏血管壁、红细胞，破坏正常的凝血机制，导致血液循环障碍、血压下降、休克、心衰。泌尿系出现蛋白尿、血尿甚至出现急性肾功能衰竭。严重患者可因肺内血管出血、循环衰竭、肾功能衰竭、颅内出血或休克死亡。

2. 治疗原则及药物

蛇毒中毒的早期治疗重点是排毒、消肿、止痛，首先应防止毒液扩散和吸收。除在伤口近心端，伤口肿胀部位上侧缚扎，切口，冲洗和吸毒外，应用胰蛋白酶加 0.25%～0.5%普鲁卡因或蒸馏水稀释，做局部环封。中期，治疗重点是祛腐拔毒，治疗感染，尽早应用特效解毒药。应用破伤风抗毒素，并给予抗生素防止伤口感染。同时采用对症及支持治疗，防止休克、肾功能衰竭等、呼吸衰竭等。后期，治疗重点是生肌敛口，恢复功能。

（1）可选用多种中药和传统治蛇伤的中成药进行解毒，排毒，内外结合治疗。

（2）抗蛇毒血清治疗有单价和多价两种，单价抗蛇毒血清是对同类毒蛇咬伤有效，针对性强，疗效好，多价抗蛇毒血清则抗毒谱广，但疗效稍差。抗蛇毒血清，只能中和进入人体内游离的蛇毒，对已经吸收、且对机体所造成的病理损害却没有治疗作用。

抗蛇毒血清用于蛇咬伤者的治疗，其中蝮蛇毒血清，对竹叶青蛇和烙铁头蛇咬伤亦有疗效。咬伤后，应迅速注射本品，越早越好。常用静脉注射，也可用作肌内或皮下注射，1 次完成。注意事项：本品为液体制品。制品混浊、有摇不散的沉淀、异物或安瓿有裂纹、标签不清者均不能使用。安瓿打开后应 1 次用完。对蛇咬伤者，应同时注射破伤风抗毒素。门诊患者注射抗血清后，需观察至少 30 分钟方可离开。过敏试验为阳性反应者慎用。

二、蜂类蜇伤

蜂毒成分为多种酶、肽类、非酶蛋白质、氨基酸和生物活性胺（如组织胺）的混合物，此外尚有蚁酸、神经毒素等。这些毒素进入机体，多引起局部严重的炎性反应，如群蜂蜇伤大量毒素吸收，可引起全身炎性反应，严重者可致溶血、出血、急性肾功能衰竭。

1. 症状及临床表现

不同蜂类毒性各异，临床表现亦不尽相同，主要表现为蜇伤部位的红肿、疼痛，瘙痒，数小时至几日内自愈。少数患者出现水泡或坏死，以及淋巴结肿大，压痛。群蜂蜇伤后全身症状表现为发热、头痛、恶心、呕吐、腹泻、烦躁不安，以致肌肉痉挛、甚至昏迷，严重者可出现出血、溶血、急性肾功能衰竭等。对蜂毒有过敏者，会立即发生全身性荨麻疹、过敏性鼻炎、喉头水肿，以致过敏性休克等。

2. 治疗原则及药物

治疗措施包括局部处理，即结扎被刺部位近心端，除去毒刺、毒囊，局部可用肥皂水、3%氨水或5%碳酸氢钠溶液清洗。大黄蜂、黄蜂蜇伤，用醋酸或3%硼酸溶液清洗；有过敏者采用抗过敏治疗；全身中毒症状明显者采用抗毒治疗；对症及支持处理。

全身中毒症状严重者，可给予蛇药片或注射针剂治疗，如南通蛇药片、上海蛇药及针剂均可使用。全身过敏尤其是过敏性休克者，可用1：1 000 肾上腺素皮下注射，并静脉注射甲泼尼龙等抗组胺药物，口服氯苯那敏、苯海拉明等抗组胺药物。患者出现肌肉痉挛可用葡萄糖酸钙加入25%葡萄糖注射液中缓慢静脉滴注。支气管痉挛致严重呼吸困难者吸入支气管扩张剂(如沙丁胺醇气雾剂)，并静脉给予氨茶碱。

三、蟾蜍中毒

蟾蜍毒主要成分有蟾蜍毒素和蟾蜍配基（统称蟾蜍毒）、儿茶酚胺类化合物、吲哚烷基胺类化合物。蟾蜍毒素作用类似洋地黄，通过兴奋迷走神经并直接作用于心肌引起心律失常，此外尚有刺激胃肠道、对皮肤黏膜的局部麻醉作用。儿茶酚胺类化合物可使血管收缩、血压升高。吲哚烷基类化合物可引起幻觉，对周围神经有类似烟碱样作用。

1. 症状及临床表现

中毒常出现在0.5~2小时，中毒者出现剧烈的恶心、呕吐、口腔黏膜可发生白色斑块。部分病例尚有腹痛、腹泻、水样便痛等胃肠道刺激症状。神经系统可出现头痛、头晕、嗜睡、出汗、口唇和四肢麻木、膝反射迟钝或消失等症状。心电图改变酷似洋地黄中毒，可有各种传导阻滞、异位搏动、心房颤动、ST段及T波改变，严重者可有阿-斯综合征、血压下降和休克。严重中毒病例，可呈烦躁不安、抽搐、昏迷、面色苍白、出汗、脉细弱、口唇发绀、血压下降，最后呼吸及循环衰竭。蟾蜍分泌液溅入眼内，可致眼睛红、角膜溃疡肿甚至失明。少数患者可发生剥脱性皮炎。

2. *治疗原则及药物*

蟾蜍毒中毒无特效解毒药。治疗原则主要有清除毒物，用清水或1：5 000高锰酸钾溶液洗胃，硫酸镁导泻，大量饮水或5%葡萄糖盐水，促进毒物排泄。其次为对症治疗。

有类似洋地黄中毒表现者，可按洋地黄中毒处理。患者有尿时可口服或静脉滴注氯化钾；纠正心律失常可给予阿托品肌内或静脉注射，可解除迷走神经兴奋对心脏的作用，改善心脏传导功能；室性早搏及室性心动过速可用利多卡因治疗。对症支持治疗，有惊厥者，可予地西泮、巴比妥类药物治疗，呕吐、腹泻剧烈者注意水和电解质平衡。必要时用异丙肾上腺素加入5%葡萄糖液中静脉滴注。眼损伤时可用3%硼酸溶液或生理盐水冲洗眼部（情况紧急时也可用常水冲洗）。

第六节　植物毒中毒

一、毒蕈中毒

毒蕈中的毒素种类繁多，成分复杂，中毒症状与毒物成分有关，主要的毒素有胃肠毒素、神经精神毒素、血液毒素、原浆毒素、肝肾毒素。由于毒蕈的种类颇多，一种蘑菇可能含有多种毒素，一种毒素可能存在于多种蘑菇中，故误食毒蘑菇的症状表现复杂，常常是某一系统的症状为主，兼有其他症状。一般常分为胃肠症状、神经精神症状、溶血症状、实质性肝脏肾脏损害症状、类植物日光皮炎症状等。

常见的毒素有毒蕈碱（类似于乙酰胆碱的生物碱，毒性极强，能兴奋胆碱能节后纤维，引起一系列中毒症状）；毒蕈溶血素（可导致机体溶血）；引起精神症状的毒素（某些毒蕈中含有毒蝇碱、蟾蜍素等毒素，能引起幻觉及精神异常等）；毒肽和毒伞肽（可引起肝脏、肾脏、心脏、脑等损害，而肝肾损害最严重，导致中毒性肝炎）。

1. 症状及临床表现

毒蕈中毒的临床表现与其所含毒素的种类有关。但一般都有胃肠道症状，如腹痛、腹泻水样便甚至血便，易发生水和电解质紊乱，严重者可致休克。毒蕈碱中毒时可出现流涎、流泪、多汗、脉搏缓慢、瞳孔缩小，少数病情严重者可有谵妄、幻觉、呼吸抑制等表现。个别病例可因此而死亡。溶血毒素可致溶血，患者可有黄疸、贫血、肝脾肿大等。神经精神毒素可致幻觉、谵妄、昏睡、精神错乱等，有些还可引起四肢麻木、感觉和运动障碍等周围神经炎症状。毒肽和毒伞肽中毒病情凶险，常致肝脏、肾脏、心脏、脑等重要脏器损害，而以肝损害最为严重，可有黄疸、转氨酶升高、出血倾向等表现，严重者可死于急性肝坏死。

2. 治疗原则及药物

（1）及时采用催吐、洗胃、导泻、灌肠、利尿等方法以迅速排除毒物。

（2）对症与支持治疗肠胃炎症状应纠正脱水、酸中毒及电解质紊乱。有肝损害者给予保肝支持治疗。有精神症状或有惊厥者应予镇静或抗惊厥治疗，并可试用脱水剂。

（3）药物治疗神经精神型症状可用阿托品治疗。溶血型症状可选用肾上腺皮质激素。对有肝损害者应给予保肝支持药物治疗。以内脏损害为主要症状者采用巯基解毒药治疗。

阿托品可阻断毒蕈碱对 M 受体的兴奋作用，缓解其中毒症状。主要用于含毒蕈碱的毒蕈中毒。可根据病情轻重，采用皮下或肌内注射。必要时可加大剂量或改用静脉注射。阿托品尚可用于缓解腹痛、吐泻等胃肠道症状。对因中毒性心肌炎而致房室传导阻滞亦有作用。

巯基解毒药可与某些毒素如毒伞肽结合，阻断其分子中硫巯键，使其毒性减低，保护了体内含巯基酶的活性。甚至恢复部分已与毒素结合的酶的活性。以内脏损害为主要症状者，常采用巯基解毒药可给予二巯丁二钠，稀释后静脉注射（首剂加倍）或二巯丙磺钠溶液肌内注射，同时给予氢化可的松或地塞米松静脉滴注。

肾上腺皮质激素具有抗炎、稳定溶酶体及细胞膜、抗毒素等多种作用，对毒蕈中毒引起的溶血反应、中毒性心肌炎、中毒性脑炎、严重肝损害均有治疗作用。适用于溶血型毒蕈中毒及其他重症中毒病例，特别是有中毒性心肌炎、中毒性脑炎、严重的肝损害及有出血倾向的病例。以溶血症状为主者，可给予大剂量肾上腺皮质激素治疗，甲泼尼龙静脉注射。

二、亚硝酸盐中毒

亚硝酸盐为较强的氧化剂，可使血中的血红蛋白被氧化成高铁血红蛋白，使血液内的高铁血红蛋白增加，形成高铁血红蛋白症。这种高铁血红蛋白不仅失去了携带氧的作用，还能阻止正常血红蛋白释放氧的功能，因而出现组织缺氧，出现青紫症状而中毒。此外，亚硝酸盐还有松弛小血管平滑肌的作用，可使血管极度扩张，如摄入量过大可致血压下降，甚至发生周围循环衰竭。

1. 症状及临床表现

主要中毒特征为口唇、耳郭、指（趾）甲青紫，尤以口唇青紫最为普遍（乌嘴病），并伴有头晕、头痛、乏力、胸闷与恶心，重者可有心悸、呼吸困难，甚至心律失常、惊厥、休克、昏迷，皮肤、黏膜明显发绀，继续加重可出现呼吸困难、昏迷不醒，并出现痉挛、血压下降与心律不齐，大小便失禁等症状，亦可发生循环衰竭及肺水肿，最后因呼吸麻痹而死亡。测定血液中的高铁血红蛋白含量明显增高。

2. 治疗原则及药物

口服中毒者应尽快催吐、洗胃及导泻。即用 1∶5 000 高锰酸钾溶液彻底洗胃，之后用硫酸镁或硫酸钠导泻。中毒患者应尽快给予特效解毒药，给氧，必要时输新鲜血或红细胞置换治疗。及时处理休克，纠正酸中毒，同时采用对症支持治疗，血压下降较快或休克时可用间羟胺等缩血管药物，呼吸衰竭者给予尼可刹米等呼吸兴奋剂，惊厥时给予镇静治疗。

主要治疗措施应用解毒剂亚甲蓝，加入 5%～50%葡萄糖注射液稀释后进行缓慢静脉注射，必要时可于 30～60 分钟后重复使用，直至高铁血红蛋白血症消失。同时，用高渗葡萄糖和大剂量维生素 C、辅酶 A 等，可加强亚甲蓝的疗效。

低浓度亚甲蓝可使高铁血浆蛋白还原为血红蛋白，恢复其携氧功能，因而是治疗亚硝酸盐中毒的特效药。维生素 C 也有类似作用，并给予高渗葡萄糖、维生素 C 静脉滴注。但较缓慢，仅用于轻症患者。注意事项：亚甲蓝为氧化还原剂，只有在低浓度时才能使高铁血红蛋白还原为血红蛋白，而高浓度时则使血红蛋白氧化为高铁血红蛋白。因此，治疗时要严格控制亚甲蓝的剂量及注射速度，否则会使病情加重。

第十章 皮肤病

第一节 脓疱疮

脓疱疮是由金黄色葡萄球菌或溶血性链球菌引起的一种急性化脓性皮肤病。多发于气温高、湿度大的夏秋季节。易在儿童中造成流行。

（一）病因

致病菌主要为金黄色葡萄球菌，其次为溶血性链球菌，少数为白色葡萄球菌。在某些外界因素作用下，如环境温度较高、出汗多和皮肤被汗浸渍时，细菌容易在皮肤上繁殖。患有瘙痒性皮肤病，如痱子、虫咬皮炎、湿疹时，皮肤的屏障作用被破坏，从而招致病菌侵入而发生本病。

（二）主要表现

主要有寻常性和大疱性两大类。

1. 寻常性脓疱疮

亦称接触传染性脓疱疮，常为金黄色葡萄球菌感染或与溶血性链球菌混合感染。传染性强，常在婴儿室、幼儿园中引起流行。皮肤损害好发于面部、头皮和四肢，面部又以口周、鼻孔附近、耳郭为主，严重者可广泛发于全身。初发时为红斑及水疱，迅速变为脓疱，粟粒到黄豆大小，疱壁厚，周围有红晕，起初丰满紧张，以后可松弛，疱破后露出糜烂面，干燥后上面覆盖蜜黄色脓痂、自觉瘙痒。重者可伴有发热，体温可高达39~40℃，可伴淋巴结淋巴管炎。严重者可并发败血症，由链球菌感染者还可并发急性肾炎。

2. 大疱性脓疱疮

主要由噬菌体Ⅱ组71型金黄色葡萄球菌引起。多见于儿童，皮疹为散在性大疱，直径1~10毫米或更大，壁厚，周围红晕不显，破裂后形成大片糜烂，干燥后结痂呈清漆状不易剥去，多发于颜面、躯干及四肢，亦见于手掌和足底。

本型好发于新生儿，又称新生儿脓疱疮。多发于出生后3个月内，传染性极强，易在新生儿中流行。发病急骤，脓疱进展迅速，很快累及全身。常伴有39℃以上的高热，患儿精神萎靡、呕吐、腹泻，如不及时救治，可因败血症或毒血症而危及生命。

（三）防治

1. 全身疗法

根据患者的皮损情况及有无全身症状，酌情给予磺胺类药物或抗生素。根据药敏试验结果选择抗生素。加强支持疗法，如进行肌内注射丙种球蛋白等。

2. 局部疗法

以杀菌、消炎、收敛、干燥为原则。

3. 暴露干燥疗法

对新生儿脓疱疮，可采用暴露干燥疗法。对较深的脓疱疮可先除去痂皮，再涂抗生素软膏，以促进溃疡愈合。

4. 隔离消毒

婴儿室、幼儿园发生患病儿，应立即隔离，患儿衣服、用具等应及时清洗并消毒，以防止接触传播，并对居住环境进行消毒。平时注意保持皮肤的清洁卫生，并及时治疗痱子、虫咬性皮炎等瘙痒性皮肤病及各种皮肤损伤。

第二节 湿 疹

湿疹是由多种内、外因素引起的浅层真皮及表皮炎症。病因复杂，一般认为与变态反应有一定关系。临床上表现为瘙痒显著，急性期以丘疱疹为主，有渗出倾向，慢性期常以苔藓样变为主，容易反复。

（一）病因

湿疹的原因和诱发因素常因个体因素和疾病的不同阶段而异，因此不易确定，其诱因又分为外因和内因。常见的外因有食物中的鱼、虾等；吸入物有花粉、尘螨、羊毛等；微生物有体表化脓性球菌和浅表真菌的感染；日光，炎热、干燥的生活环境，各种动物皮毛、皮屑，及各种化学物质如化妆品、肥皂、合成纤维等。常见的内因：慢性感染病灶、肠道寄生虫；内分泌及代谢改变方面如月经周期、妊娠等因素；精神紧张和过度疲劳与本病的发生也有密切关系。

（二）主要表现

湿疹分为急性湿疹、亚急性湿疹和慢性湿疹 3 类。

1. 急性湿疹

表现为原发性及多形性皮疹。常见红斑基础上有针头到粟粒大小的丘疹、丘疱疹。严重者有小水疱，常融合成片，边界不清楚。瘙痒较重，常因搔抓呈点状糜烂面，有明显浆液性渗出（流黄水），若有继发感染可形成脓疱、脓液及脓痂，有相应的淋巴结肿大，严重感染时可伴有发热等全身症状。

2. 亚急性湿疹

湿疹在急性发作后，红肿及渗出减轻，进入亚急性阶段，可有丘疹及少量丘疱疹，呈暗红色，可有皮屑及轻度浸润。若治疗不及时可发展为慢性湿疹。

3. 慢性湿疹

常由急性及亚急性湿疹迁延而成，或者由炎症开始，开始时不十分严重，暗红斑上有丘疹、抓痕及皮屑。患部皮肤肥厚，表面粗糙，呈苔藓样，有色素沉着及部分色素减退区等。病情时轻时重，延续数月或更久。

慢性湿疹多发生于手、足、小腿、肘窝、腹部、乳房、外阴及肛门等处，多对称发病。

（三）防治

患有湿疹者应对湿疹的发病因素、发展规律及诱发因素有一定认识，以便能积极配合治疗。

1. 内服药物疗法

其目的是抗炎、止痒、感染时可使用抗生素。

2. 局部疗法

有清洁、止痒、抗菌、抗炎、收敛及角质促成剂等。

（1）急性湿疹。无渗出或渗出不多时可用氧化锌油，渗出多时可用3%硼酸溶液冷敷，当渗液减少后可涂含皮质类固醇的霜膏或油膏交替使用。

（2）亚急性湿疹。一般常用糠馏油、黑豆馏油或含有皮质类固醇的乳剂或糊剂，可在上述药物中加入新霉素等抗生素预防或控制继发感染。

（3）慢性湿疹。常用糠馏油、黑豆馏油、煤焦油和皮质类固醇软膏或霜剂。对局限性、肥厚性损害还可用皮质类固醇作局部皮内注射。

第三节　荨麻疹

荨麻疹俗称“风疹块”，是由于皮肤、黏膜小血管扩张及渗透性增加而出现的一种局限性的水肿反应。

（一）病因

荨麻疹的病因复杂，约 3/4 的患者找不到病因，尤其是慢性荨麻疹，常见的发病原因有以下 7 种。

1. 食物

以鱼、虾、蟹、蛋类最常见，其次是某些肉类和某些植物性食物，如草莓、可可、番茄或大蒜等调味品等。

2. 药物

许多药物常易产生抗体的变态反应引起本病，常见的有青霉素、血清制剂、各种疫苗、呋喃唑酮、磺胺等。

3. 感染

包括病毒、细菌、真菌、寄生虫等，最常见的是引起上感（感冒）的病毒和金黄色葡萄球菌，其次是肝炎病毒。全身的慢性感染病灶如牙槽脓肿、鼻副窦炎、中耳炎、扁桃体炎等也可引起荨麻疹。

4. 物理因素

如冷、热、日光、摩擦、压力等物理性刺激。

5. 动物及植物因素

如昆虫叮咬，吸入动物皮毛、羽毛及花粉等。

6. 精神因素

如精神紧张可引起乙酰胆碱释放。

7. 内脏及全身疾病

如风湿热、类风湿性关节炎、系统性红斑狼疮、恶性肿瘤、代谢障碍、内分泌紊乱等。

（二）主要表现

根据病程，荨麻疹一般可分为急性和慢性两大类，前者在短时间内能愈合，后者则反复发作达数月以上。

1. 急性荨麻疹

起病较急，皮肤突然发痒，很快出现大小不等的鲜红色风团，呈圆形、椭圆形或不规则形。开始时是孤立或散在，逐渐扩大，融合成片。个别风团可呈苍白色，皮肤凹凸不平，呈橘皮样改变。数小时后水肿减轻，风团变为红斑而逐渐消失。但新的风团陆续发生，此起彼伏。严重者可伴有心慌、烦躁、恶心、呕吐，甚至血压降低等过敏性休克样症状。部分患者可累及胃肠，出现腹痛、腹泻，伴有里急后重及黏液稀便。还可累及喉头黏膜，引起呼吸困难，甚至窒息。若因严重感染引起者，可出现高热、寒战、心慌或脉搏加快等。

2. 慢性荨麻疹

全身症状较轻，风团时多时少，反复发生，常达数月或数年之久。有的有时间性，如晨起或临睡前加重，有的则无一定规律，大多数患者不能找到原因。

（三）治疗

找出病因，排除发病因素，采用合理的治疗方法。若病因不明时，可使用抗组织胺药物，80%的患者能控制症状。

1. 急性荨麻疹

可选氯苯吡胺、苯海拉明、息斯敏等。剂量应足以控制症状，然后逐渐减量。有腹痛者可给予解痉药物，如普鲁苯辛、阿托品等。若病情急、皮疹广泛伴有呼吸困难者，可立即皮下注射0.1%的肾上腺素0.3~0.5毫升，必要时行气管插管，或气管切开术。病情严重并伴有休克症状者，应立即皮下注射0.1%肾上腺素0.5毫升，15分钟后可重复注射1次，积极抢救休克。对因脓毒败血症引起者，应立即使用抗生素控制感染，并处理感染症状。

2. 慢性荨麻疹

应积极寻找发病因素，不宜使用皮质类固醇激素，一般以抗组胺药物为主。

第四节　疥　疮

疥疮俗称癞疥疮，是由疥螨引起的接触传染性皮肤病，以好发于指缝、腕部屈侧、脐周、下腹部及两股内侧粟粒大丘疹、丘疱疹、疱疹及隧道，伴奇痒为特征，极易在集体或家庭中流行。

（一）病因

疥螨是疥疮的罪魁祸首，它是一类皮内寄生虫，呈扁平椭圆形，黄白色，腹侧前、后各有足两对。疥螨不但在人体表皮上活动，还可在衬衣裤、被单、枕套、被褥上活动。主要通过人与人直接接触传播，如同睡一床或相互握手等。少数可通过患者用过的床铺、衣服、毛巾等间接传染。

（二）主要表现

疥螨常侵犯皮肤薄嫩的部位，故皮疹好发于手指缝及其两侧、腕部屈侧、肘窝、下腹部、腹股沟、股内侧及外生殖器等部位，但一般不累及头面部。

皮肤损害为针头大小的丘疹及疱疹，疏散分布。皮疹早期近正常肤色，继而可呈微红色，但多无红晕。在丘疱疹或疱疹邻近有时可见疥虫在表皮内穿过的灰白色或浅黑色线状隧道，长约数毫米。

瘙痒为疥疮特有的症状，尤以夜间为甚。病久者常因搔抓而有抓痕、血痂、湿疹样变或继发脓皮病、淋巴结炎，甚至并发肾炎。成年男性或儿童在阴囊、阴茎等处可出现淡红色或红褐色、绿豆至黄豆大的半球形炎性硬节，常伴剧痒，称为疥疮结节。发病以冬季多见。如治疗不当或传染源未能及早控制，病程可持续数周至数月之久。

（三）治疗

一般外用10%~20%硫黄软膏或10%~25%的苯甲酸苄酯乳剂，用药时必须做到以下4点。

（1）治疗前先用热水、肥皂洗澡，然后外搽以上药物，且要搽遍全身，并稍用力揉搓。

（2）搽药期间不洗澡、不换衣，病程完后，将换下的衣被煮沸消毒，或日晒。

（3）家中或集体中的疥疮患者必须同时治疗。

（4）治疗后需观察1~2周，无新皮疹发生，方可认为痊愈。

（四）预防

注意个人卫生，发现患者应立即隔离治疗，家中及集体中的患者应同时治疗，以免相互传染。未治愈前应避免与别人身体密切接触，包括握手。患者穿过的衣服，用过的被褥，必须煮沸或在日光下暴晒灭虫。

第五节 带状疱疹

带状疱疹是由水痘-带状疱疹病毒感染引起的一种以沿周围

神经分布的群集疱疹和以神经痛为特征的病毒性皮肤病，中医称为“缠腰火丹”。

（一）病因

本病的病原体是水痘-带状疱疹病毒，有亲神经性和皮肤性的特征。对本病无抵抗力或抵抗力低的人群被感染后，可发生水痘或呈隐性感染。以后病毒进入皮肤的感觉神经末梢，沿神经纤维向中心移动，可长期潜伏于脊神经后根或脑神经节的神经之内。当人体的免疫功能下降，如患某些感染、恶性肿瘤，使用免疫抑制剂，月经期等，神经节内的病毒便被激发而活化，使受感染的神经节发炎或坏死，产生神经痛。同时病毒沿感觉神经通路到达皮肤，而发生特有的节段性疱疹。本病愈合后可获得终身免疫。

（二）主要表现

发疹前数日局部皮肤往往先有感觉过敏和神经痛，或伴有轻度发热、全身不适、食欲不振等。患部先发生潮红斑，继而出现成簇而不融合的粟粒至黄豆大丘疹，迅速变为水疱，疱液澄清，疱壁紧张发亮，外围红晕。陆续发疹，常沿神经呈带状分布。数天后水疱干涸、结痂，愈后遗留暂时性淡红色红斑，或色素沉着。全程2~3周。

皮肤损害常发生在一侧，沿某一神经分布区排列，一般不超过中线，多见于肋间神经或三叉神经第一分支。可累及角膜，引起全眼球炎，以至失明。亦可引起脑炎、脑膜炎。患部附近的淋巴结常肿大。

神经痛为本病的特征之一，可在发疹前或伴随皮疹出现。儿童患者往往有轻微疼痛或无痛，老年患者则常常出现剧烈疼痛，有近30%~50%的中老年患者可遗留顽固性神经痛，可持续数月或更久。

（三）治疗

1. 全身疗法

可使用抗病毒药物，给予皮质激素、止痛药、免疫调节剂等。

2. 局部疗法

以干燥、消炎为主，疱疹未破时外搽含硫黄的炉甘石洗剂或阿昔洛韦软膏，若疱疹已破溃，可酌情以3%硼酸液或0.5%新霉素液湿敷，或外搽新霉素糠馏油糊剂，或0.5%新霉素软膏等。

3. 物理治疗

用氦氖激光、紫外线及频谱治疗等均有一定的止痛效果。

第六节　手癣和足癣

皮肤癣菌侵犯掌、足平滑皮肤引起的感染分别称为手癣、足癣。

（一）病因

致病菌主要是毛癣菌属和表皮癣菌属，常见菌种有红色毛癣菌、须癣毛癣菌和絮状表皮癣菌，其中红色毛癣菌其抵抗力强，不易控制，已成为我国当前手癣和足癣的主要致病菌。

（二）主要表现

1. 足癣

多见于成人，男女皆可患病。往往夏季加重，秋季减轻，若未彻底治疗，常迁延多年。依其皮损表现可分为以下3型。

（1）鳞屑水疱型。最常见，常见于趾间、足跖及其侧缘，反复出现针头大小丘疱疹及疱疹，聚集或散在，壁厚发亮，有不同程度炎性反应和瘙痒，疱干后脱屑，呈小的领圈状或大片形，不断脱落，不断发生。病情稳定常以脱屑表现为主。

（2）浸渍糜烂型。常见于第四、第五趾间。角质层浸渍、发白、松软，剥脱露出红色糜烂面或蜂窝状基底，可有少许渗液。这种病易继发感染，并发淋巴结炎和丹毒等。

（3）角化过度型。常见于足跟、足跖及其侧缘。角质层增厚、粗糙脱屑、干燥。自觉症状轻微。每到冬季，易发生皲裂。

2. 手癣

临床表现大致与足癣相同。但分型不如足癣明显。损害初起时常有散在小水疱发生，而后常以脱屑为主，皮纹增深，触之粗糙，病久者呈现角化增厚。患区与正常皮肤之间常可见一定界限。损害多限于一侧，初起时常始于掌心、第二或第四指处，久之累及整个手掌。自觉症状多不明显。

（三）治疗

需按不同类型分别处理。

1. 鳞屑水疱型

可用复方苯甲酸搽剂，复方间苯二酚搽剂，1%～3%益康唑、咪康唑、克霉唑，或酮康唑霜等外搽。也可用10%冰醋酸液浸泡疗法。

2. 浸渍糜烂型

一般选用比较温和或浓度较低的抗真菌外用制剂，如复方间苯二酚搽剂或上述咪唑类抗真菌霜剂。有时需加干燥粉剂，如足粉。

3. 角化过渡型

一般宜选用抗真菌软膏或霜剂，如复方苯甲酸软膏、咪唑类霜剂或其他抗真菌药物。

不论使用何种药物都应坚持治疗 1~2 个月。如伴有细菌感染或病久继发湿疹样变者均应作相应处理。

第七节 鸡眼与胼胝

鸡眼与胼胝是由于长期摩擦和受压引起的角质增生性损害，好发于手掌及足跖。

（一）主要表现

1. 鸡眼

一般如豆大或更大，表面光滑与皮面平或稍隆起，边界清楚。呈淡黄色或深黄色，中间有倒圆锥状的角质栓，嵌入真皮。由于其尖端压迫神经末梢，故行走时引起疼痛。鸡眼多见于足跖前中部、食趾外侧或拇趾内侧缘。

2. 胼胝

为蜡黄色、扁平或稍隆起的局限性角质肥厚性斑块，质硬而稍透明，边界不清、中央较厚、边缘较薄。好发于掌跖，常对称发生。与职业有关者可见于受压部位。一般无自觉症状，严重时有压痛。

（二）治疗

胼胝厚者可用热水浸泡后，用刀削去，或外用角质剥脱剂，如 25%水杨酸火棉胶或维酸软膏药等。

鸡眼的治疗方法很多，常用各种腐蚀剂，如水杨酸。可将橡皮膏中央剪一圆孔，大小与鸡眼一致，贴于患处，将鸡眼露出，撒上水杨酸粉，再用橡皮膏封盖。一般 3~5 天换药 1 次，每次换药前清除残留药物，用热水泡足，并剔去软化角质，直至全部剔除鸡眼。并可用鲜半夏、雅胆子仁等中药捣烂贴敷，方法同上。疼痛明显者可行鸡眼挖除术。鸡眼膏亦可使用。

（三）预防

应减少摩擦的挤压，穿合适的软底鞋，或用海绵垫减少局部压迫。

主要参考文献

方永香，2018. 疾病防治技术［M］. 长春：吉林大学出版社.

石清霞，2020. 自然灾害安全读本［M］. 北京：北京日报出版社.

王保亮，商俊芳，杨晓全，等，2018. 现代中医疾病防治精要［M］. 北京：科学技术文献出版社.

张国庆，2017. 气象遥感与农业自然灾害预防［M］. 长春：吉林大学出版社.